国家自然科学基金资助项目（51078126）
全国高等学校博士点基金资助项目
湖南省科技计划项目（2014GK3045）

城市商业空间新结构模式

The New Pattern of Urban Commercial Spatial Structure

叶　强　陈　娜　著
向　辉　谭怡恬

中国建筑工业出版社

图书在版编目（CIP）数据

城市商业空间新结构模式/叶强等著.—北京：中国建筑工业出版社，2015.7
ISBN 978-7-112-18210-7

Ⅰ.①城…　Ⅱ.①叶…　Ⅲ.①城市商业－经济发展－研究－中国
②城市空间－空间规划－研究－中国　Ⅳ.①F723.81②TU984.11

中国版本图书馆CIP数据核字（2015）第137927号

商业是城市主要功能要素之一，也是影响城市空间结构演变的内在动力与决定因素。自加入WTO以来，我国城市商业业态与空间布局在规模、形式和结构上已经呈现出明显的变化，研究商业空间结构的演化规律和模式，及时更新商业网点规划与管理理论基础，对城市与商业的规划与管理有着重要理论和现实意义。本书通过长期的资料收集和调查研究，以长沙为例，在GIS平台上对城市主要商业空间的自身以及与相关城市功能要素的互动演变过程进行比较分析，归纳演变规律和内在机制。研究显示商业空间结构正在由市、区和社区三级向网络状结构模式演变，区域级商业中心成为网络状结构主要节点的规律和趋势，提出了完善城市商业网点规划、建设和管理的对策和建议。

责任编辑：陈　桦　杨　琪
责任设计：董建平
责任校对：李欣慰　党　蕾

城市商业空间新结构模式

叶强　陈娜　向辉　谭怡恬　著

*

中国建筑工业出版社出版、发行（北京西郊百万庄）
各地新华书店、建筑书店经销
北京京点图文设计有限公司制版
廊坊市海涛印刷有限公司印刷

*

开本：787×1092 毫米　1/16　印张：11¾　字数：214千字
2015年12月第一版　2016年7月第二次印刷
定价：30.00元
ISBN 978-7-112-18210-7
　　（25033）

作 者
Writer

　　叶强，1964年4月生，教授、博士生导师，南京大学理学博士，湖南大学建筑学院景观学系主任。主要从事城市与商业空间结构与城市设计，基于城市视角的建筑与景观规划理论和设计，以及研究生创新教育理论方面的研究，9次获得国内外设计竞赛的奖项。主持国家自然科学基金1项、中德科学中心基金项目2项、参与国家自然科学基金重点项目1项，主持湖南省自然科学基金重点项目和湖南省教育厅研究生创新教育改革课题各1项，出版专著2本，在《建筑学报》《城市规划》《地理研究》《中国园林》等国内重要学术期刊上发表论文20余篇。

前言
Preface

　　近年来，信息革命的迅速发展和全球经济一体化极大地推动了国外商业巨贾在中国的空间扩张，同时也催生了国内商业企业的巨变。从20世纪80年代后期开始，我国的商业企业率先开始了全面地改革，城市原有的商业业态也开始了全面更新和整合。经过三十多年的发展，零售企业无论是本地的还是新入市的国内和国外企业，都在规模、层次、业态类型等方面进入了一个新的发展阶段。同时，伴随着城市的主导功能由生产向消费型的转变及城市居民生活水平的不断提高，城市居民的消费模式与消费观念发生了很大的变化。多目的、休闲和娱乐购物行为使商业空间除了承担购物、生活与游憩等多种功能外，同时还成为城市形象表现、居民精神和文化的交流场所。

　　目前，随着我国城市由工业化主导向多形态、多构化、多功能和网络化的方向发展和转型，对于一些大都市来说，传统的向心性城市空间结构开始逐步向多核心的都市区空间结构形式转变。中心城区物质资本与人力资本进一步密集化，工业企业和城市居民逐渐郊区化，城市空间以圈层式急剧地向外扩张。同时，地域的空间重构也带来了社会空间的分异，社会分化、居住隔离、弱势群体边缘化等复杂的空间重构特征不断显现。在城市空间结构要素中，商业空间作为最活跃和占有中心地位的功能要素，与城市居民的生活工作的关系最为密切，城市与商业空间结构的协调发展可以更好地为城市提供高质量的服务及高品质的活动空间，缓解复杂而异质的城市社区空间。

　　本书以中部地区省会城市长沙为例，借助GIS分析平台，对城市主要商业空间的自身以及与相关城市功能要素的互动演变过程进行比较分析，揭示其商业业态类型、商业网点数量与网点规模演变规律和内在机制。研究表明：商业空间结构形成正由城市中心区域向市中心外围扩散，并在外围重新积聚的演变模式，市级商业中心的发展速度减缓，区域级商业中心逐步发展成为主要节点，商业空间结构正在由市、区和社区三级向网络状结构模式演变。

　　本书的内容是一项历时十年，众多同事、博士生和研究生参与、在多项国家及省部级课题的资助下完成的研究成果。全书的整体结构与内容由叶强进行全面的把控，数据与GIS平台由谭立力提供技术支持，其中：第1章绪论、第2章相关概念辨析与范围界定与第3章城市与商业空间新结构模式理论框架主要由陈娜、向辉整理撰写；第4章实证研究与分析：长沙城市商业空间结构演变与规律主要由曾昭君整理撰写；第5章城市商业空间结构演变的机制、模式及趋势与第6章"结论与讨论"主要由谭怡恬整理撰写。

叶 强

2015年7月

目 录
Contents

第 3 章　国内外理论与研究综述

第 4 章　实证研究与分析：长沙城市商业空间结构演变与规律

第 5 章 城市商业空间结构演变的机制、模式及趋势

第 6 章 结论与讨论

城市商业空间新结构模式

第1章 绪论

1.1 背景

1.1.1 经济全球化与国内外城市商业的空间扩张

随着信息革命的迅速发展和全球市场体系的形成，商品、技术、信息、服务、货币、人员等生产要素在跨国、跨地区间的流动越来越多，世界各国的经济逐渐形成互相依存的整体。近年来，欧美债务危机集中酝酿爆发，在世界经济不确定性提高、风险加大的背景下，我国经济面临前所未有的复杂、困难局面。但是政府加大经济发展方式转型和调整经济结构的力度，我国经济在2009年实现9.1%的增速，2010年达到10.3%，2011年为9.2%，保持了稳定增长态势。

全球经济一体化极大地推动了国外商业巨贾在中国的空间扩张，同时也催生了国内商业企业的巨变。自2004年12月11日我国零售业的全面开放，2005年成为中国零售业的"零售元年"，众多的外资零售业巨头纷纷开始进驻中国市场。2005年商务部批准设立的外资商业零售企业就有1027家●。国外许多大型零售企业利用成熟的管理经验、雄厚的资金、世界级的品牌以及我国各级政府所给予的优惠政策，迅速在他们选中的城市中占据有利的市场和城市空间。国内企业也不断进行行业整合、扩大规模、提高效益，应对竞争。据中国连锁经营协会统计，2010年连锁百强中外企业中，内资企业有78家，外资企业有12家，以大型超市为主。2010年连锁百强的21家超市类企业中有12家为外资背景，其总销售额占76.87%。中外零售巨头经过前几年跑马圈地式的快速扩张，北京、上海、深圳、广州等一线城市的市区零售市场商业网点布局基本完成，业态已经非常丰富，市场基本处于饱和状态。随着一、二线城市零售网点的枯竭，三、四线城市成为新建网点的重心，市场竞

● 荆林波等.中国商业发展报告（2011-2012）.社会科学文献出版社，2012.5.

争异常激烈。外资巨头如沃尔玛、家乐福等均开始布局三、四线城市；内资上市零售公司如步步高、成都集团、广百股份等国内大型零售企业也开始在三、四线城市布局。激烈竞争的市场开始由一、二线和东南沿海城市向三、四线和中西部区域转移❶。

1.1.2 区域与城市功能转型及城市商业空间的发展

在全球经济大调整和国内经济格局变动的大背景下，我国城市的发展也到了寻求转型突破的阶段。我国大多数城市在20世纪90年代之前是生产型城市，工业占据城市经济生产支配地位。而城市经济从制造业主导向服务业主导的转型几乎是所有城市都要经历的阶段，这种发展转型必然带来对经济结构、空间布局和社会文化全方位、深层次和系统性的变革。在产业转型的同时，城市空间布局的同步优化、考虑经济发展的区位优化布局以及政府的战略规划成为推动城市转型成功的关键。2011年6月颁布的《全国主体功能区规划》对我国的国土空间开发、区域功能定位和未来城乡发展、产业布局、生态保护做出了战略性规划，明确了未来中国城市化的战略格局，即构建以"两横三纵"为主体的城市化战略格局。

在未来中国的城市化发展战略中，商业充当着非常重要的角色。随着城市产业结构的调整与升级，城市集聚效应日趋显著，以批发零售、金融、保险、房地产和服务业为主的第三产业对城市化的拉动作用也越来越大，城市的主导功能正在由生产型逐步向生产消费服务型转变。商业逐渐成为城市功能要素中最为活跃的环节之一，商业业态的分化强化了对城市空间结构的影响力，同时也成为城市商业空间重构的主要动力。全国城市化区域的功能定位中，商贸中心是大多数城市化区域的重要功能定位。从当前中国区域的发展来看，随着区域经济实力的快速增长，区域核心城市往往具有发达的商业，成为区域的经济增长引擎❷。

1.1.3 社会消费文化与商业业态结构的演化

2008年以来，在扩大内需政策的支持下，中国消费内需稳步增长。2008年社会消费品零售总额首次突破10万亿元，相对2007年增长21.6%；2009年超过12万亿元人民币，相对2008年增长15.5%；2010年突破15万亿元人民币，相对2009年增长18.4%。消费内需稳步增长的趋势为中国零售业的发展

❶ 荆林波等，中国商业发展报告（2011-2012）．社会科学文献出版社，2012. 5.
❷ 荆林波等，中国商业发展报告（2011-2012）．社会科学文献出版社，2012. 5.

提供了良好稳定的发展环境。随着城市的主导功能由生产型向消费型转变以及居民生活水平的不断提高，城市居民的消费模式与消费观念发生了很大的变化，由过去仅满足购物需求转向对购物过程的多维体验，消费的附属价值带来比商品本身更高的价值。为了满足观念不断变化的消费群体，商业业态不断推陈出新，形成各种新的商业空间形式。与此同时，随着我国商品流通体系率先实现市场化改革，商业对外开放步伐逐渐加快，都市商业业态的分化和创新发生革命性的变化，越来越多代表流通领域新发展方向的商业业态在都市中涌现。通过对国内主要城市商业类型的综合比较发现，国内城市商业流通由计划经济时代的供销方式向市场经济时代的经营模式转变，供销模式体系下城市商业业态类型极其简单，城市商业活力被极度地压缩，城市商业空间主要表现为百货公司和供销社等类型。改革开放以后，我国城市商业活力逐渐激发，商业领域逐渐开放，超市、专营店、购物公园、仓储式卖场、网络购物等形式陆续出现❶。从我国2001年加入WTO开始，商业业态的形式已经从初期单一的业态形式到了国家《零售业态分类》中包含的18种零售业态形式同时发展的阶段。大型综合购物中心、商业街、百货店，大型家居、汽车、建材等专业市场，仓储式会员店，各种便利店、折扣店、超市、专业店和网上销售等所有业态类型，各种所有制形式，在城市中心区和边缘区共同发展。

1.1.4 城市与商业空间结构研究的必要性

目前，随着我国城市由工业化主导向多形态、多构化、多功能和网络化的方向发展和转型，对于一些大都市来说，传统的向心性城市空间结构开始逐步向多核心的都市区空间结构形式转变。中心城区物质资本与人力资本进一步密集化，工业企业和城市居民逐渐郊区化，城市空间以圈层式急剧地向外扩张。同时，地域的空间重构也带来了社会空间的分异，社会分化、居住隔离、弱势群体边缘化等复杂的空间重构特征不断显现。在城市空间结构要素中，商业空间作为最活跃和占有中心地位的功能要素，与城市居民的生活工作的关系最为密切，城市与商业空间结构的协调发展可以更好地为城市提供高质量的服务及高品质的活动空间，缓解复杂而异质的城市社区空间。

商业空间的形成和发展有其自身的内在规律，企业的区位选择与城市商业空间规划有着一定的错位现象。形成的商业中心往往不是人为规划的结

---

❶ 谭怡恬，谭立力，赵学彬. 商业业态分化与城市商业空间结构的变迁. 城市发展研究. 2011. 6.

果，而规划的商业中心往往不能很好地形成和发展。我国常用的城市总体规划中关于商业空间及商业网点规划方法主要脱胎于计划经济时期。2000年我国加入WTO以后，零售业是最早对外开放的产业，经过5年左右的发展，商业空间的发展与城市空间规划之间的脱节越来越明显。2004年才逐步开始的全国部分城市商业网点规划显得既缺乏时效性，也缺乏前瞻性，明显滞后于城市与商业空间发展的步伐。面对日益复杂和快速发展的城市空间以及不断加快的体制转型步伐，我国目前的城市与商业空间规划方法和理论研究越来越不能满足城市发展和管理的需要，急需补充和完善。如何构建合理的城市与商业空间结构的关系，制定有效的城市与商业空间规划等已成为亟待解决的城市新问题。

1.2 意义

1.2.1 以中部城市长沙作为实证研究范例的充分性

1）城市发展方面的共性与特点

近年来，我国中西部地区的社会消费品零售总额呈现快速增长的势头，大多数省份增速超过全国平均水平。据国家统计局资料显示，2010年湖南省以18.8%的同比增长在全国各省份中排名第六。省会长沙的城市经济发展在中西部主要省会城市中处于中上水平，与中西部城市在全国的排位情况相类似，也代表了中西部地区主要省会城市的发展状况（表1-1）。从表1-1也可以看出，长沙社会消费品零售总额与城市居民人均可支配收入一直居于全国省会城市特别是中部地区城市的前列，消费市场潜力巨大，可见长沙的城市经济发展有明显的特点。

长沙与中西部地区主要省会城市综合指标比较　　　　表1-1

	项目	长沙	武汉	西安	成都	郑州	南昌	贵阳
1	总面积（km²）	11816	8494	10108	12121	7446	7402	8034
	市区面积（km²）	1909.86	3963.6	3582	—	1010	617	2403
2	总人口（万人）	656.62	827.24	791.83	1163.28	885.7	507.87	439.33
	市区人口（万人）	297	547	569	545	437	260	304
3	城市化率（%）	68.49	68.07	49.42	60.66	42.15	46.29	49.53
4	地区生产总值（亿元）	5619.33	6756.2	3864.21	6854.58	4912.66	2688.87	1383.07
	全国排位	15	9	21	8	16	24	31

	项目	长沙	武汉	西安	成都	郑州	南昌	贵阳
5	人均地区生产总值（元）	79530	68315	45475	49438	56856	53023	31712
	全国排位	8	14	25	21	17	18	33
6	社会消费品零售总额（亿元）	2125.91	2959.04	1935.18	2861.28	1987.11	928.34	584.33
	全国排位	13	7	18	8	17	27	32
7	年人均可支配收入（元）	27069	23738	25981	23932	22477	20741	19420
	全国排位	12	18	15	17	20	24	32
8	年人均消费（元）	18069	17141	19306	17795	14605	15234	14300
	全国排位	15	19	9	18	26	24	29

资料来源：作者根据2012年长沙统计年鉴、各地统计信息网及各城市统计公报整理。"—"为没有数据。

2）城市空间结构的共性与特点

根据对中国现代城市空间结构类型特征的研究，胡俊将中国现代城市空间结构的总体分为七种基本类型：Ⅰ型——集中块状、Ⅱ型——连片放射状结构、Ⅲ型——连片带状、Ⅳ型——双城结构、Ⅴ型——分散型城镇结构、Ⅵ型——城多镇结构和Ⅶ型——带卫星城结构。从对我国全部176个人口超过20万的大中城市的分析结果来看，中国现代城市的空间结构类型以紧凑和较紧凑的城市占主导地位。其中数量较大的有四类（表1-2），又以Ⅰ型——集中块状城市最为突出❶。

中国现代城市空间结构类型的数量构成　　　　表 1-2

	Ⅰ型：集中块状	Ⅱ型：连片放射状结构	Ⅲ型：连片带状	Ⅳ型：双城结构	Ⅴ型：分散型城镇结构	Ⅵ型：一城多镇结构	Ⅶ型：带卫星城结构
数量	61	31	43	6	4	26	5
占城市总数的比例%	34.7	17.6	24.4	3.4	2.3	14.8	2.8

资料来源：作者根据胡俊《中国城市：模式与演进》一书的图4-18整理。

另外，中国的现代城市一般都是围绕一个市中心，形成一大片居住区，在城市中轴线四周是环状放射状的道路系统，城市外缘是工业区，再配以其他功能地段。尽管每个城市的具体表现形式不同，但城市结构在总体特征上是基本

---

❶ 胡俊. 中国城市：模式与演进. 中国建筑工业出版社. 1995. 10.

一致的❶。20世纪80年代以后，中国的城市面临着经济结构和产业结构的战略性调整，第三产业的发展需要合适的空间，而中国的旧城区由于历史的原因，往往处于城市地理核心位置，因此成为第三产业用地的首选位置。

自有城市形态资料记载以来，长沙一直是以旧城为中心不断向四周扩散的集中块状、单核心结构形式，随着城市经济的发展，正在向多核心城市空间结构形式发展，而商业空间是城市向多中心结构扩散的重要的动力因素之一。目前，我国大部分主要城市正在制订商业网点规划，如何使已有商业中心与正在规划的新商业中心共同繁荣是急需解决的城市发展问题。因此，长沙城市空间结构的发展过程与特点在我国大部分城市中有较强的代表性，而沿江形成山、水、洲、城的结构又是长沙城市的主要特点，在沿江集中块状发展的城市中也具有一定的代表性。

3）商业业态与结构的共性与特点

早在20世纪80年代中期，长沙的"商业五虎"与郑州的"商战"成为改革开放以后零售企业发展的经典范例。郑州的"商战"随着亚细亚百货的衰落而偃旗息鼓，长沙的"商业五虎"虽然也经历了兴旺、停滞和局部衰落的过程，但20世纪90年代后期的业态更新与整合使"友阿集团"成为目前长沙与外来及外资大型零售企业竞争的中坚力量。到2003年，长沙的商业业态发展重新进入全国的前列，甚至取代北京、上海成为沃尔玛、家乐福、麦德龙三大世界零售业巨头第一次在中国同时集聚的城市，可见长沙商业业态发展具有一定的超前性和创新性。研究长沙商业空间与城市空间之间的关系，可以比较好地说明进入21世纪和加入WTO后，我国许多城市在零售业全面开放的情况下城市空间结构的发展规律。同时，分析和归纳出其中存在的共同问题，从而找到解决的对策和方法。

1.2.2 研究的意义

全球化、社会和经济转型推动了世界城市体系的重构和城市集聚体的产生，中国的城市化与体制转型正成为世界关注的热点。转型期城市空间结构模式研究对我国中部地区城市健康发展具有突出的现实意义和理论价值。转型期商业空间重构机制与模式研究是指导商业空间规划、发展与管理，适应新时期城市发展的理论基础。定量分析空间要素互动关系的方法确保了研究成果的科学性和应用价值。

❶ 同前页。

2006年4月，国务院颁发的《关于促进中部地区崛起的若干意见》提出了中部崛起的总体要求和战略定位。2007年12月，国务院批准长株潭城市群为"两型社会"改革试验区，中部地区在工业化和城镇化过程中能否走出一条有别于传统发展模式的新路，对"中部崛起"战略的实施和国家"十一五"规划的落实至关重要。"两型社会"建设是我国在资源节约和环境友好基础上的一次综合配套改革试验，全面的、多元的体制、机制和观念的改革将是试验的主要内容，体制和机制上的转型将引起我国中部地区城市空间新一轮的演化和重构。在我国的城市群空间等级结构中，长株潭城市群属于地区级城市群，这种类型的城市群通常被大约一个单一大都市核心组织成统一体，长沙是长株潭城市群体内的核心首位城市，在城市群的发展起着关键的作用。

继国务院批准长株潭城市群为"两型社会"改革试验区后，2009年1月，长株潭城际轨道交通与长沙城市轨道交通建设规划一并正式获国家批准立项，为城市群发展注入了新的动力。轨道交通自诞生以来就表现出对城市空间延伸和对城市体系构建的导向作用，对商业空间结构的影响尤为明显。目前，我国中部地区城市商业空间结构理论的研究相对滞后，难以适应"两型社会"建设的快速发展。因此，本书具有突出的现实意义和理论价值。

1.3 目标与方法

本书研究主要采用定量研究为主结合定性分析的方法，主要从规模、功能和格局三个角度，应用SPSS和ArcGIS软件对商业与城市空间互动过程的数据进行管理与量化分析。

1.3.1 研究目标

本书研究的目标主要确定为以下几个方面：①通过理论、调查和统计分析，明晰商业空间发展和城市扩展的动向。②确定重点研究的商业业态空间结构的演化态势，并进行深入调查。③用专业理论对调查结果进行分析研究，探询商业空间与行政、文化、居住等其他城市功能要素之间的关系和影响机制。④借鉴国内外其他城市的发展经验进行比较研究，从中归纳出城市与商业空间结构互动影响机制和发展问题，提出应对变化的对策和相关政策建议。

1.3.2 研究方法体系

本书是针对商业空间与城市空间的一种社会研究，运用科学方法对社会生活现象加以了解、说明和解释。社会研究是以人类社会为对象，以科学方法为手段，以解释和预测为目的，以科学理论和方法论为指导，社会科学研究方法是指对人类社会和人类行为加以解释和预测的科学方式和手段，具体分为基本方式和具体方法两个方面。

1）研究基本方式

本书主要采用统计调查和实地研究两种方式，以定性研究方法为主。对研究对象进行各种方式和层面的调查，收集尽可能详实广泛的数据和其他相关资料，用专业理论进行分析和研究，从中探询发展规律和趋势。从研究时点设计的角度，本书可分为横剖研究和纵贯研究两种方式，既研究当前时间点上各种城市商业空间结构的发展状况，也研究它们的历史演变过程和原因，确保研究的客观性和全面性。

2）具体研究方法

（1）资料收集法——文献法、访问法、抽样调查法和典型调查法

文献法即对国内外各种学术期刊、著作、学位论文、相关研究课题进行检索，并通过互联网检索国内外最新的研究成果与观点，其中还包括对统计年鉴、规划文本、商业数据的整理和收集，从中获得研究所需要的部分图、表和其他基础资料。访问法即对相关的政府管理人员（市政府、规划局、商贸局等）、部分零售商业企业管理人员、规划设计人员和部分专家学者进行访谈，获取有关城市与商业方面的专业信息。从实施的角度出发，非概率抽样调查法和典型调查法即对长沙城市空间和行业中具有代表性的和有一定经济和群体规模的购物中心进行调查和分析，以保证研究所需资料的可信度和客观性。

（2）资料分析法——历史分析法、因果分析法、比较分析

获得基础资料后，首先进行初步的定性分析，再对调查所得到的数据资料进行定量分析和形象化的描述，然后用理论分析方法进行归纳与评议。具体实施中主要采用历史分析法研究长沙城市空间和大型综合购物中心空间各个主要发展阶段的客观联系、内在因果关系和发展规律，从中发现问题、认识现状和推断未来。因果分析法则可以研究城市空间结构与大型综合购物中心空间和其他城市功能要素之间的因果关系，分析影响因素的主次和强弱。比较分析法则对同一时期内的长沙以及长沙与类似城市商业空间结构进行比较研究，分析造成差异的原因，同时还将对长沙城市商业空间结构进行不同时期具体特点的比较，揭示不同时期和不同阶段上的特点及其变化趋势。

（3）模型法

模型法是运用模型来揭示研究对象的基本特征、本质和规律的一种方法。

主要有物质模型、想象模型、理论模型和数学模型等几种形式。经过资料收集和分析，总结出商业空间结构对城市空间结构的影响模式，最后提出城市商业空间结构优化和发展趋势想象以及理论模型，以求在开展后续研究和实践中能为有关城市规划、管理工作者和商业企业发展提供决策的理论依据。

1.3.3 研究的逻辑框架

本书研究借助SPSS、GIS等科学的手段和方法对数据进行分析归纳和建构商业空间新结构模式并总结研究成果和提出研究建议三个主要步骤（图1-1）。

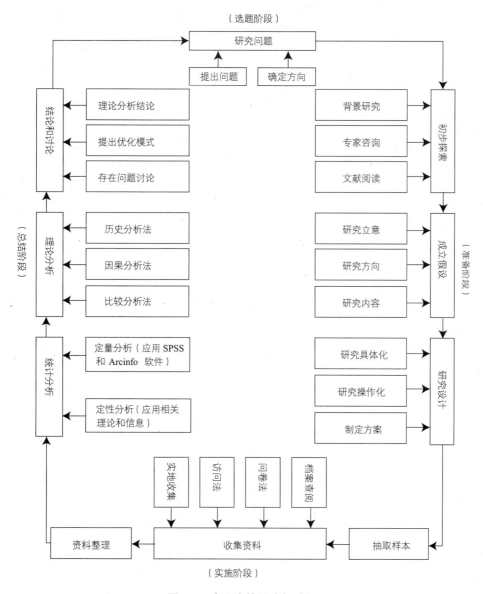

图1-1 本研究的思路与过程

1）数据的分类、补充、收集和整理

本次数据补充主要分为两个方面，首先是城市基础资料整理和补充调研，主要是对基于城市圈和城市群影响下的长沙城市、社会、经济等基础资料进行补充调查和归类整理，建立GIS数据库。其次，认真研究和分析《长株潭城市群区域规划》和《长株潭经济一体化"十一五"规划》等文件，充分考虑以长株潭3个城市为中心，以一个半小时通勤为半径，包括岳阳、常德、益阳、娄底、衡阳5个城市在内的"3＋5"城市圈（群）建设对城市及城市群空间结构演变和转型方面的影响。

2）数据分析、比较、归纳和建构新结构模式

这个阶段的主要研究内容是通过SPSS软件对数据资料进行分析、比较，构建影响因子综合评价体系，同时通过ArcGIS软件和数理分析方法对数据资料进行分析和归纳，最后利用GIS平台建立规模、功能、空间结构优化模型，重点分析制度转型与城市空间结构演变之间的关系。通过研究这些关系中表现出来的问题和发展趋势，比较研究长三角地区城市的经验和数据，揭示我国中部地区城市与商业空间结构演变的互动机制，建构城市与商业空间协调发展新结构模式。

3）结合已经和正在进行的城市商业网点规划，提出完善和补充转型期中部地区城市与商业空间规划和管理的方法与建议

通过将优化结构模式与现有的空间规划进行对接，从宏观层面提出完善和补充转型期我国中部地区城市与商业空间规划和管理的方法与建议，从中观层面提出城市与商业空间发展趋势和规划原则以及实施细则。同时，针对研究的主要城市从微观层面提出城市主要空间节点、商业业态发展以及空间布局的规划管理的方法与建议。

本书研究的核心部分按照现象与规律、原因与方式、模式及趋势的逻辑顺序，从城市商业空间结构演变与规律；城市商业空间结构演变的机制、模式及趋势两个方面加以论述。其中，第4章将详细研究长沙的商业空间结构发展、商业业态结构的演变特征与规律、商业空间结构与城市功能要素的互动规律；第5章将对演变的机制、模式及趋势方面进行论述，分析商业业态分化、大型商业中心的集聚与扩散、商业用地、人口、居住空间变化及城市交通等对城市商业空间的影响原因和方式，并提出商业空间的新结构模式（图1-2）。

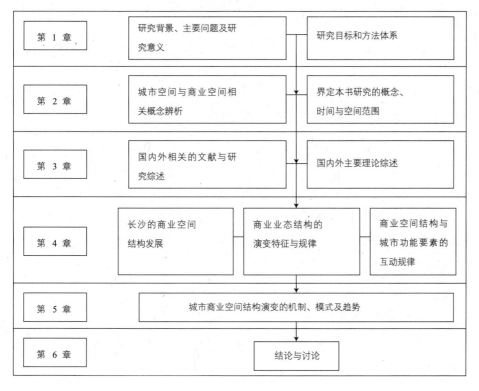

图1-2 主要研究内容

第2章　相关概念辨析与范围界定

本章主要辨析城市空间结构和商业空间结构的概念和内涵，紧扣城市结构转型的时代特征，对城市新商业空间、商业业态等与商业空间结构紧密相关的概念进行研究，并确定研究的区域及时间范围。

2.1　城市空间结构

城市空间结构是城市规划学、城市地理学等多个学科研究城市空间的核心关注点之一。它从地域上涵盖了城市所在的全部空间，从时间上囊括了城市发展的各个历史阶段，从精神上有机地包含了政治经济文化社会等几乎一切的城市内涵，并用一种物化的形式予以体现。

国外关于城市空间的相关研究可以大致分为三个主要阶段（吴超，2005）：第一阶段是19世纪下半叶至20世纪中叶，为开拓时期，提出"城市区域"概念，分析了城市空间形态与分布的规律；第二阶段是20世纪中叶至20世纪80年代初，为多元时期，包括以"大都市带"为代表的理论从早期的静态研究转向空间演变与发展的动态研究并加强了对社会经济的关注，以"增长极"为代表的理论则引发了城市空间结构关系的研究，从物质空间规划逐渐转向重视综合性社会发展规划；第三阶段是20世纪80年代至今，信息技术革命和经济全球化给城市带来巨大影响，也使得城市空间日益复杂，引发了一系列重要的理论和实证探索。戈特曼（Gottmann，1957）提出"都市延绵区"（Metropolitan Interlocking Region），并最早提出"大都市带"（Megalpolis）理论，其中大都市带的下限位人口规模2500万、人口密度250人/km²。他认为若干都市区集聚并在人口、经济等多方面密切联系，从而形成一个巨大的、高密集性的、多核心的、内部呈现多样性的星云状整体，这一整体又将反作用于城市的空间形式。富利（Foley，1964）和韦伯（Webber，1964）理解的城市空间结构包含空间与非空间两种属性，同时，空间结构还包括了形式和过程两个方面，分别指城市结构要素的空间分布和空间作用模式，韦伯将空间结构进一步划分为"静态活动空间"（adapted space，建筑等构筑物所形成的活动空间）和"动态空间"（channel space，交通流所形成的活动空间）。韦尔贝（Whebell，1969）提出"走廊理论"，构建了一个由高度发达的现代化运输线（网）连接贯穿的若干主要城镇所构成的模型，并阐述了其演化过程即初始占据、商品交换、铁路运输、公路运输网和大都市区的形成。伯纳（Bourne，1971）认为城市空间的概念是建立在两个相关概念之上的，城市形态以及相互作用。他强调城市空间结构包含三个要素：城市形态、城市内在的相互作用与组织法则。哈维（Harvey，1973）对伯纳的理论做了更为明确的论述，即任何城市理论必须研究空间形态和作为其内在机制的社会过程。蔡平（Chapin）与凯塞尔（Kaiser，1979）从土地利用规划的角度出发，阐述了城市空间结构涉及城市地区的物质要素与土地使用的秩序与关系。约翰斯顿（Johnston，1980）总结了城市空间结构的三个方面：①包括零售商业、制造及办公在内的非居住土地使用的区位特征；②包括人口密度、社会区域分析以及实证生态学在内的居住地域特征；③交通流，即在不同土地利用的交通容量，运输成本最小化分析，旅行模式以及成本在最小化情况下的最优区位的预测。卡塞列（Korcelli，1982）认为应在更广的范围研究城市空间结构，即城市居住结构的生态研究，城市土地市场以及土地利用研究，城市人口密度研究，城市内在机制方式，定居点网络研究等。麦吉（McGee，1989）在对亚洲发展中地区的城市和乡村两种空间类型在经济发展过程中的相互作用及其空间表现进行理论总结后提出了"Desakota"，即区域层面上的建立在综合发展基础上的城市化，实质是城乡协调统筹和城乡一体化发展。以后麦吉（McGee，1991）又提出"超级都市区"概念。诺克斯（Knox）和马斯顿（Marston，1998）指出，城市空间结构反映了城市运行的方式，既把人与活动集聚到一起，又把他们按照不同的类型安置在不同的邻里和功能区。

国内学者相对起步较晚。目前有一定数量的研究者选择从传统城镇体系的角度切入，还有相当数量的研究者选择从经济地理学的角度开展研究，这些研究往往注重城镇间的组织关系与结构，大都采用了理论探讨或实证检验的方法。根据国内学者的理解，武进（1989）认为城市空间结构主要指城市中各物质要素的空间位置关系及其变化移动中的特点，一般包括城市地域结构、社会结构、产业结构、政治结构、文化结构等，但并不反映城市外部形状。胡俊（1994）将城市空间结构概念作两方面界定，从表征上看，它是城市各组成物质要素平面和立面的形式、风格、布局等有形的表现，是多种建筑形态的空间组合布局；从实质内涵看，它是复杂的人类经济、社会文化活动在历史发展过程中的物化形态，是在特定地理条件下人类各种活动和自然因素相互作用的综合反映，是城市功能组织方式在空间上的具体表征。顾朝林（2000）等人将城市空间结构理解为从空间角度来探索城市形态和城市相互作用网络在理性的组织原理下的表达方式，是在城市结构的基础上增加了空间维（spatial dimension）的描述。黄亚平（2002）认为城市空间结构是指城市各要素在一定空间范围内的分布和联结状态，或解释为城市的各种物质的与非物质的要素，在城市成长过程中、在城市地域空间中所处的位置和在营运过程中的形态。

　　由此可见，城市空间结构是一个跨学科的研究对象，不同学科的学者对城市空间结构的理解也不同。建筑学及城市规划学主要强调城市空间结构的物质属性和实体空间；经济学偏重于解释城市空间格局形成的经济机制；地理学主要从土地利用与城市空间结构的关系出发；社会学主要研究城市空间结构的社会属性及认知与感知属性，表现在人的行为和社会活动在城市空间结构上的体现。

2.2　商业空间结构

2.2.1　城市新商业空间

　　西方学者以零售业态和零售空间的变化为研究基础，提出了"新零售空间"（"New Retail Spaces"，Clifford.M.Guy，1998；Ken Jones，1993）、"新零售空间、新零售区位"（"New Retail Places，Spaces and Sites"，Louise Crewe，2000）、"新零售设施"（"New Retail Facility"，Anronio Moreno-Jimenez，2001）等概念。Clifford M.Guy提出的"New Retail Spaces（新零售空间）"包括超市、高级百货商店、仓储超市、区域购物中心和厂方直销店等新型商业业态构成的新零售空间，其主体是大型超市和购物中心。Coss等提出的"New Retail Spaces（新零售空间）"主要指乡村地区以汽车为导向的销售及节日市场，其选址区位常与政府干预有关（Goss，1996；Gregson，Crewe，1994）。Jimenez提出的"新零售设施"指的是购物中心、集中型卖场、零售园区以及一定规模的专业门市店等，已有的一些研究表明这些设施往往会在居民区中自上而下地形成（Anronio Moreno-Jimenez，2001）。Jill Mazullo（2001）阐述了一种新的商业空间形式"Business

Park"，即商务园区，以集约化、公共交通导向等为开发核心。Louise Crewe（2000）总结了前人研究成果，认为"新零售空间、新零售区位"包括百货店、购物中心、街道店铺以及一些不太引人注意的消费空间，既包括现今存在的主要的常见的零售业态，也包括历史上的零售业形式与其空间转移过程中的形式。Ken Jones等认为20世纪60年代开启了都市商业结构革命的序幕，促使几乎所有的市中心都经历了一次彻底的重新开发，从而诞生了新的商业空间，因此他们提出的"New Retail Spaces（新零售空间）"就主要指都市商业结构革命带来的市中心商业再开发地区（Ken Jones，1993）。关于都市商业结构革命，在此之前Dawson（1983）也提出过超级市场、仓储式市场、购物中心的出现是零售革命出现的前提。

我国的新商业空间是伴随着快速城市化、城市郊区化及新商业业态的大量出现而形成，历经了不同的社会发展时期，吸引了大量学者专家对此展开研究。崔功豪等（1992）提出"新商业带"是与传统商业街和城市主要商业街相对的一种商业空间形态。他还认为包括新产业空间、居住空间、经营服务空间和城市的新城空间等正成为新城市空间，而这里的"经营服务空间"其实质就是商业空间。顾朝林等和柴彦威等（顾朝林等，2000；柴彦威，2000）提出"新郊区商业带"，是指郊区新开发的道路沿线的商业地带。许宗卿等（2000）认为专业市场和专业街巷集中的地区易形成新的商业中心，并打破原有的商业空间层级结构而向多样化方向发展。香港学者王缉宪等（2002）提出"主题商业综合体"概念，如深圳华强北出现的电子城等，认为它产生于一种特殊的城市环境（包括缺乏成熟的商业中心策划、连锁商业及政府决策调控具有不确定性等因素，及由此带来的小型零售空间难以长期生存发展、分布零碎化等现象，以及中低收入群人数增加、需求增长等）中产生的带有过渡性质的商业形态，当连锁零售业态成为主导时这一商业空间形态将会迅速被购物中心取代。王兴平（2003）认为以服务业为主的都市专门化街区也应该属于新产业空间。

不同时代、不同学科的学者在研究的侧重和视角上存在差异，所提出的"新商业空间"的内涵也并不完全一致。但可以肯定的是，中国都市新的商业空间已经出现[1]。因此，在转型期城市发展的背景下，本书重点研究的新商业空间主要指在城市边缘区、新城区或旧城更新区出现的，以大型综合超市、仓储式商场、购物中心、专业性市场和卖场等新业态为主体的商业空间。

---

[1] 管驰明，崔功豪. 中国城市新商业空间及其形成机制初探. 城市规划汇刊. 2003. 6.

2.2.2 商业业态

商业业态在日常生活中的含义是指按照一定的目标，针对特定消费者特定需要，有选择地运用经营商品种类结构、店铺位置、店铺规模、店铺形态、价格政策、销售方式、销售服务等多种经营手段，提供销售和服务的类型化经营形态。在经济领域，商业业态就是指一种商业经营的状态与形式[1]。零售学则把各种各样的组合需求抽象地归为属于某种业态，并将业态定义为"服务于某一顾客群或某种顾客需求的店铺经营状态"。它既反映了商店的形态与形状，又与细分的目标客源市场相对应[2]。根据我国2004年开始实行的《零售业态分类规范意见（试行）》，认为零售业态是为满足不同的消费需求而形成的不同的经营形态，其分类主要依据零售业的选址、规模、目标顾客、商品结构、店堂设施、经营方式、服务功能等确定。

从原始的"日中为市，交易而退"（《易·系辞》）的商业业态雏形，到有固定的交易场所，以及近代工业革命后兴起的百货商店、超市、购物中心等的出现，反映出商业业态随着社会经济技术的进步以及人们消费观念的变化而演变的历史轨迹。我国的零售业在《零售业态分类规范意见（试行）》标准中被分为食杂店、便利店、折扣店、超市、大型超市、仓储会员店、百货店、专业店、专卖店、家居建材店、购物中心、厂家直销中心、电视购物、邮政、网上商店、自动售货亭、直销、电话购物等18种业态，比原有试行的标准增加了6种无店铺零售方式，即：电视购物、邮政（邮购）、网上商店、自动售货亭、直销、电话购物。可以看出，商业业态所对应的"商店"不仅是有形的实体商店，随着社会、技术以及人们思想等的发展还出现了摆脱空间距离约束的无形"虚拟商店"。

商业业态与商业空间结构有着密切的联系，这种联系往往并不直截了当地体现在对城市商业结构的影响上，而是通过不同业态的商业企业根据自身特点及消费者行为的区位选择实现的，因此城市商业空间结构是商业业态的功能、规模与等级结构的空间表现。

2.2.3 商业空间的新结构模式

结构模式的研究从城市空间结构的布局和形态研究中而来，是体现城市空间形态的各要素之间互相影响和作用的机制研究。

---

[1] 余新发. 中国商业变革与创新. 上海：上海财经大学出版社. 1997.
[2] 张水清. 商业业态及其对城市商业空间结构的影响. 人文地理. 2002.10.

　　我国大城市一般都有悠久的中心商业街（区）历史，形成了传统的城市商业中心。1949年后，经过长期的向心聚集与蔓延发展，多数城市形成了单核（单一市级城市中心）城市商业空间结构，少数特大城市内部市、区和小区三级等级结构已经形成❶。本书将这类特点的城市商业空间结构定义为层级结构。层级结构的特点是：商业中心之间规模大小分明，不同层级的商业中心空间区位级差明显，主要业态类型单一和业态的规模集中化。

　　转型期的中国城市在人口、经济和社会等方面都经历了巨大的变化和空间重构，商业空间也随之发生了变化，2000年我国加入WTO后，国外大型商业零售企业（主要是大型超级市场）的进入，给我国商业业态形式、空间结构带来了较大的影响。1997年以后，商品房和大型居住社区逐步兴起，同时便捷的交通网络也促进了新的大型区域级商业中心形成。另外，商品房的发展不仅增加了道路的通达性，也推动了以家居和电气用品为主要内容的大型专业市场的建设，形成了在规模上与市级商业中心竞争的局面。各种大型居住社区的形成，也带动了社区商业中心的发展，从业态形式方面形成了与市级商业中心互补的形式。而近期商业地产推动下的大型城市商业综合体的形成，从业态规模和业态形式两个方面对市级商业中心形成了很大的冲击作用。从现象上来看，已经形成了不同层级的商业中心中空间区位级差不明显、主要业态类型多样和业态的规模分散化的明显特点。而且这种演变与城市区域交通线和主要道路之间的关系极为密切，形成了以道路相连的多空间节点模式，即新的结构模式，本书将在第5.2节对其进行详细的论述。

2.3　概念、区域及时间范围界定

2.3.1　城市商业空间概念的定义与内涵

　　城市商业空间结构就是城市商业活动中销售和消费因素相互作用的动态平衡关系在商业业态方面的空间体现。它有两重含义：一是内在的研究客体是销售和消费因素相互作用的动态平衡关系，具体讲就是各种商业业态和细分市场在区位、规模、服务、形式和总量上相互决定过程中的协调和冲突关系。二是外在的表现形式是各种商业业态的规模等级空间网络结构❷。由此分析，城市商业空间结构宏观上是指商业各种要素之间的相互作用关系，以及这种作用关系所反映到城市平面和空间上的结构与空间形态；微观上具体

❶　黄亚平. 城市空间理论与空间分析. 南京：东南大学出版社. 2002. 240.
❷　仵宗卿，柴彦威. 商业活动与城市商业空间结构研究. 地理学与国土研究，1999. 8.

表现为商业活动的物质形态、区位选择、规模等级以及商业活动的需求面如消费偏好、消费行为、出行方式、消费能力等。从研究范围上来说，城市商业空间包括城市内部和城市体系两个主要尺度，本书的研究尺度主要定位为城市内部。

2.3.2 转型与互动

1）城市空间转型

转型是一个包括经济、社会等诸多领域发生深刻变化的复杂过程，其实质是一系列的制度变迁或制度创新❶，城市空间结构的变化是转型的一个突出表现。新古典主义城市经济学认为产业结构变化会影响城市空间结构变化，这一理论从微观经济学的角度入手，以地租、利润、成本、收入作为主要变量，研究企业机构、居民和公共设施的位置分配。但其劣势是分析方法过于理想化和抽象，不足以应对城市空间变化的复杂性。行为主义学派对此进行修正，用实证分析来证明技术对城市经济的作用越来越大，从而影响企业区位的选择，改变城市空间结构。另一个有相当影响力的理论——芝加哥学派认为，城市可以被视作生态社区，经济自由竞争将对城市产生作用，而占据城市空间位置的是城市的强势团体。

我国从20世纪80年代开始，已有相当部分的学者进军此领域，研究的视角丰富，也取得了一定的理论成果。顾朝林（2000）分析了城市形成与发展的动力因素，指出我国城市在功能升级与空间扩展上和西方国家相比的不同点。刘彦随（1999）关注了土地配置和土地利用对城市空间的影响。柴彦威（2001）、冯健（2005）关注了城市感知空间的重构。江曼琦（2001）认为城市经济活动最终必然落到城市的空间上，产业结构高级化发展势必影响城市空间布局。郭鸿懋（2002）重点研究了城市内部空间结构的形成机理，指出市场原则是城市土地利用空间结构的决定因素，高利润率的产业往往占据城市的中心位置。张晓阳（2003）提出"分布式城市空间结构"的概念，指出信息技术对城市空间特征的影响。冯健、周一星（2004）研究了城市居民迁居对城市空间的影响。王兴平（2005）认为经济全球化背景下，城市功能也进入重构时期，众多新的产业的出现就要求城市空间重组。冯健、刘玉（2007）从政治、经济、社会以及城市居民的观念行为等角度从宏观和微观两个层次分析了中国城市空间转型的动力及其综合机制。

❶ 张京祥，吴缚龙，马润潮. 体制转型与中国城市重构 ——建立一种空间演化的制度分析框架. 城市规划. 2008.6.

20世纪80年代以来，全球政治与经济格局的巨变带来了政治、经济和社会领域的重大变革，作为空间载体的城市也处于剧烈的转型之中。这一时期我国一方面经历着罕见的经济高速发展，另一方面也经历着前所未有的一系列深刻改革，当这些因素综合地反映到社会空间上时，势必产生一系列复杂的空间变化。我国大多数城市在20世纪90年代之前都是生产型城市，工业占城市经济的支配地位。因此工厂和包括相对完备配套设施的单位家属住区成为城市空间的两大要素，其他要素则为一些服务型企业机构和其他城市居民住区。随着改革开放的到来和深入，这一空间结构形式势必受到重大冲击。对一些大城市而言，除了地域空间重构外，还有日益明显的城市社会空间分异、社会分化、公共空间漠视、居住隔离、弱势群体边缘化、新城市化贫困、单位社区杂化等空间重构特征，单体均质而整体异质的社区空间成为我国城市的典型特征（李志刚等，2004；柴彦威等，2007）。城市发展转型期的空间重构的几个主要表现，包括物质资本与人力资本进一步密集化（陈建华，2009）、城市空间圈层式向外急剧扩张等（王桂新，2008；胡琪，2008；陈建华，2009）。造成这些现象的原因很多，其中，社会结构的变迁和经济制度的转变作为中国制度转型的主要方面，成为影响和支配中国城市结构演变的内在动力。在这种城市发展背景下，我国城市由工业化主导向多形态、多构化、多功能和网络化的方向发展和转型，传统的向心性城市空间结构开始逐步向多核心的都市区空间结构形式转变。

2）互动

按照辞典的解释："互"是交替，相互；"动"是使起作用或变化。本书对"互动"概念的界定为：城市各物质要素在空间范围内通过分布特征和组合关系相互影响、相互促进、互为因果的作用和关系。互动是一种过程，它包括城市物质要素之内的自我互动，要素与要素之间互动和要素与城市互动组成的过程，并且在这个过程中城市可以被改变和重构。可见，城市的要素与要素之间、要素与城市之间是互相作用、互相决定、互相促进的关系，任何一方的发展都是以对方的发展为前提的。城市的发展是城市各要素自我发展、自我完善、交互作用的结果。在城市空间结构要素中，商业空间是最为活跃和占有中心地位的功能要素，与城市居民的生活工作的关系最为密切，城市与商业空间结构的相互作用影响和协调发展可以更好地为城市提供高质量的服务及高品质的活动空间。

本书所涉及的转型与互动是指以市场经济体制环境为背景，城市由单中心向多中心均衡发展的结构转型和由此产生的城市与商业空间互动过程。

19

城市商业空间新结构模式

2.3.3 研究的实例调查区域

本书所研究的地理空间区域为长沙五个中心城区，包括雨花区（东）、天心区（南）、岳麓区（西）、开福区（北）和芙蓉区（中心），各项指标见表2-1。

2011年长沙城市五个中心行政区划的部分经济指标 表 2-1

	长沙市	雨花区（东）	天心区（南）	岳麓区（西）	开福区（北）	芙蓉区（中心）
市区总人口（万人）	309.41	72.54	47.57	80.19	56.74	52.37
市区或区域面积（km²）	948.23	114.21	73.64	530.97	187.01	42.4
国内生产总值（亿元）	3212.68	1030.55	464.63	546.67	472.45	698.38
社会消费品零售总额（亿元）	2125.91	407.30	250.56	152.07	376.86	435.42

资料来源：作者根据长沙市统计局公布的数据整理。

本书在《集聚与扩散——大型综合购物中心与城市空间结构演变》的基础上和城市发展不断变化的前提下，从城市与商业空间结构演变的互动关系和影响角度出发，将长沙的城市商业空间结构演变分为三个阶段。第一个阶段是从20世纪80年代中期（约1986年）到90年代末（约1998年），产生了零售业态结构演变的第一个发展周期；第二阶段是从1999年到2005年，进入了零售业态结构演变的第二个发展周期，大型的综合零售业态相继出现，城市商业中心区、城市商业带和专业化商业区完整的商业空间格局开始形成；第三阶段是从2006年开始，老城区商业中心的优化提升和新兴商业中心的发展是这一时期的发展重点。本书将研究的时间范围界定为2006年至2012年底。

第3章 国内外理论与研究综述

国内外对城市商业空间的研究主要在商业地理学、城市地理学、消费行为与心理学领域。本书首先从商业地理学入手，研究城市商业空间理论的特点和发展演变。再根据城市空间理论从城市功能的空间组合与布局角度了解城市空间结构模式，从商业地理学及零售地理学角度研究零售业和商业区位选择以及业态分布之间的关系，同时还研究了新时期消费行为与心理的新特点对商业空间结构带来的影响，最终提炼出商业空间对城市空间结构影响的研究理论基础。

3.1 国内外相关研究综述

3.1.1 国外相关研究综述

西方学者在城市商业地理学方面的理论成果根据研究对象可以分为以下两方面：一是商业空间结构理论，以划分商业中心的性质、功能和商业空间层次结构为目标；另一是商业空间选择理论，以区位选择和市场区分析为主❶。

1）城市商业空间结构理论

20世纪30年代到80年代间，根据各理论发展时期、研究方法等，城市商业空间结构的研究可分成三大理论流派：一为20世纪50年代以前，以中心地理论研究为导向的新古典主义学派，以德国地理学家克里斯泰勒（Christaller，1933）为代表。克里斯泰勒提出的中心地理论为商业空间结构研究提供了理论框架，成为现代商业空间理论的研究基础。伯吉斯（Burgess，1925）提出城市的中心是"商业会聚之地"。德国经济学家罗什（Losch，1940）则创立了服从最大限度利润、以市场为中心的区位论和作为市场体系的经济景观。以中心地理论为导向的商业空间结构理论从理性经济

---

❶ 杨瑛. 20年代以来西方国家商业空间学理论研究进展. 热带地理，2000，（1）.

观点出发,认为中心地的产生与存在来自于周边地区对商品和服务的要求,只从规模、功能及数量出发划分层次体系,忽视了消费者行为的差异,导致了理论的局限性。其实中心地的发展不但受到自下而上的发展方式影响,也应受到更高层次中心地发展的需求动力,两种动力共同促使中心地空间体系发展起来。

二为20世纪50、60年代,美国芝加哥大学地理系教授贝里(Berry,1963)引导了在数量革命下的空间分析学派。在对芝加哥大都会地区商业形态区位分布进一步深入研究后,贝里应用数量地理的研究方法把商业中心(Shopping Center)划分为"CBD、区域中心、社区中心、邻里中心"四个等级,提出"都市区商业空间结构模型"。英国学者波特(Potter,1981)尝试用多变量功能方程(multivariate functional ordination)来分析与商业区的功能相关联的性质,运用统计分析和图示的方法,得出商业区的功能性质和它们的区位、可达性、形态、发展规模、发展时期以及社会经济等有着密切的关系。空间分析学派改变了商业空间的研究方法,开始寻求事物发展的规律性,由定性研究逐渐发展到定量研究,收集和处理数据,并用统计学和数学分析方法分析和说明问题。但是空间分析的抽象化使他们的工作脱离了城市发展的实际需求,技术和逻辑理论系统往往与现实之间有巨大的差异,导致人们认为空间分析发现的关系仅在抽象逻辑上是真实的。

三是在20世纪60、70年代,以美国学者拉斯顿(Rushton,1971)为代表的消费者行为、认知研究及社会经济阶层研究为导向的行为学派。在将消费者行为纳入理论架构的研究中,拉斯顿最先从消费者行为的角度去分析城市商业空间结构的问题,认为任何一级的中心地的消费者行为均有多样性。拉斯顿提出一种"行为—空间"模型,认为任何一个空间结构的转变都会导致空间行为的转变,同样空间行为的变化也会引起空间结构的变化。格力奇(Golledge,1965)提出了以消费者和经营者两者连续性行为变动为基础的区位选择模式。道斯(Dows,1970)认为商业设施有客观的物质存在和主观的意念存在两种形式,并从商业设施潜在顾客的角度出发来判断大量的有关属性、看法、倾向性、评估变量等因素的重要性。大卫(Davis,1972)则把消费者行为及社会经济属性与购物中心的层次结构相对应,提出了"购物中心层次性系统发展模型",探讨消费者不同的社会经济属性如何在消费者行为形态上以及购物中心商业设施的组成中产生不同的效应。行为学派对商业空间结构研究的最大贡献来自于从消费者的行为方式和社会经济属性的角度来分析城市商业空间结构的形成与发展,但是他们均把商业空间看成是一个自足的、封闭的空间体系，忽视了与外在空间体系的联系。

另外，西方学者对于城市内部商业空间研究有很大一部分集中在对CBD的研究上，主要包括CBD的特性与局限、CBD中商业的位置和演化过程、商业中心区的更新等。1954年，墨菲和万斯（Murphy&Vance）对九个城市CBD内的商务活动布局研究后发现，地价是造成CBD商务活动空间分化的主要原因。之后斯科特（Scott）将CBD的内部结构划分为三大功能圈：零售业内圈，以百货店和女装店集中为特征；零售业外圈，以杂货店、服务业等专业化较弱的多种零售业活动为主；办公事务圈❶。

2）商业空间选择理论

商业区位选择的研究经历了简单到复杂，从经验性推理到统计预测模型的发展过程。阿朗索（W.Alonso，1964）在《区位和土地利用》（Location and Land Use）一书中提出了"竞租理论"，根据各类活动对距市中心不同距离的地点所能承受的最高租额的相互关系来确定这些活动的位置，区位成为影响城市土地租金的重要因素。格蒂斯（Gertis）在1961年通过揭示总零售量随着离地价最高的市中心地带距离的增加而逐渐减少的规律，证实了土地租金变动和商业区位之间的规律。在此基础上，加纳（B.J.Garner，1966）在土地价值论基础上提出商业中心的空间模式，从市场地域的中心到边缘，按照地价的高低依次分布着中心商业区、区域型购物中心、社区型购物中心和近邻型购物中心。琼斯（K. Jones）和西蒙斯（J. Simmons，1987）的经典论著《零售区位论》（Location，Location，Location—Analyzing the Retail Environment），从需求、消费者行为、零售结构、区位分析等角度，对零售环境进行了系统的探讨。在内部结构上，主要研究零售业的等级结构、空间结构、人口与交通等要素的影响，在空间结构上，主要研究零售链的地域规模与区位选择、商业区与中心城区的零售业，并对市场决策、贸易区分析、位置选择和区位战略进行了系统地论证。

城市商业区的吸引范围，也就是市场区的划分问题，是商业空间选择理论的一大部分。赖斯顿（Rushton）于1965年提出引力模型框架（gravity model），用数学方程来分析和预测空间的相互作用形式。赖利（Reilly，1931）通过对美国德克萨斯州的实地考察，应用引力模型研究了零售引力的赖利定律（Reilly Law），认为市场区的分界点位于两个零售中心的相对吸引力相同的地方，在分界点上，消费者无论去哪一个零售点中心都是无差

23

城市商业空间新结构模式

❶ 朱红，叶强. 基于轨道交通模式下的长沙市商业空间重构研究. 湖南大学. 2012.

别的。城市零售商业从周围地域吸收的销售额，与该城市到周围地域距离的平方成反比。在赖利定律的基础上，胡佛（Huff，1963）将空间相互作用模型用于计算零售市场区的面积。他认为，当消费者具有多个可以选择的购物机会时，不会将自己限制在一个购物中心，他的概率模型以商业中心的规模、购物时间等客观变量为基础，用人们去某商业中心的概率来分析多个区域相互作用的潜力，首次提出市场区是复杂和连续的。卡德瓦拉德（A.Cadwallader，1975）则充分强调了信息对消费者购物的影响，他认为市场区的划分是由3个因素决定的：商店的吸引力（体现在商品的数量、质量和价格上）、实际的和主观估计的消费者的购物距离以及消费者所拥有的关于该店的信息量。

3.1.2　国内相关研究综述

1）人文地理学与商业地理学研究

我国关于商业空间结构的研究主要集中在人文地理学和商业地理学领域。杨吾扬（1990，1994）运用中心地理论，从历史、人口和交通等要素系统探讨了北京市商业中心等级结构的形成和演化。李飞、马景忠（1995）系统地研究了国内外所有零售业态的形成和发展历史，提出了现代商场的策划与设计模式。仵宗卿（2000）的博士论文对北京市的商业活动空间进行了全面系统的研究，涉及商业活动时空结构、地域空间类型、商业中心演化等各个层面。林耿（2002）的博士论文以产业、用地、交通、行为、历史、文化为影响要素，分析了多要素共同作用下广州市商业业态空间形成的机理，并对业态空间的效益进行了评价。郭崇义（2003）的博士论文专门对外商投资零售企业在中国的宏观区位扩张和微观区位选择进行了深入的研究。许学强等（2002）利用GIS作为研究手段，对广州市的大型零售商店空间布局现状、影响因素和发展走向进行了深入的研究。管驰明、崔功豪（2003）系统地分析了1990年以来国外商业地理学研究的进展，总结出9个主要研究方向，对我国的商业地理学和商业发展起到了很好的借鉴作用。孙鹏、王兴中（2004）对西方国家社会区域中零售业微区位论进行了研究和归纳，提出了零售业微区位论的一些规律。管驰明（2004）提出了新时期中国城市新商业空间的概念。并指出：快速城市化和城市功能转型可推动城市商业地域空间结构出现一系列新变化；商业全球化和新兴商业业态的出现加速了中国商业业态迅速演化，超市、购物中心、大卖场、各种专业店、便利店等新业态逐渐占据了中国商业市场，这种背景也催生了新商业空间现象。新商业空间的出现对原有的城市商业空间地域系统的规模、结构和城市空间重组可产生重要的影响。在国家层面，通过综合分析大型新兴零售企业在不同区域之间的分布及市场开拓战略的判断，新商业空间主要集中在沿海城市和经济发达地区，尤其是经济中心城市，目前已经出现向中西部地区扩散的趋势。在城市层面，新商业空间在城市中的区位分布规律是都偏好住宅密集区和交通要道，但是不同业态的商圈不同，不同规模、经济发展水平和城市空间结构形态不同的城市中，新商业空间区位差异很大。

2）其他相关研究

关于城市CBD、消费行为、商业网点、商业业态、商业街、城市空间结构等方面的研究也涉及商业空间与城市空间之间的关系。

（1）城市CBD研究

国内对CBD的研究包括CBD范围的确定、动力机制、土地利用、功能结构、发展演化规律和趋势、规划和结构调整的目标方案等等（阎小培，2000）。中国大城市CBD经历了与西方发展相似但又不同的道路，一般城市没有形成真正大规模的商务功能，混合功能阶段要更长一些，CBD的演变动力主要来自内骨骼方面，改革开放政策和城市土地市场政策（樊绯，2000）。王如渊等认为社会经济发展是CBD和商业空间发展和演变的根本动力，交通便捷性和土地价格是影响CBD内部结构的两个重要因素（王如渊、李燕茹，2002）。修春亮认为中国大都市的CBD在高地价对土地用途转换的推动力、拥挤造成的排斥力和外部优势区域和地价低廉造成的吸引力共同作用下，将呈现只能使层次提高、高级金融办公用地增加、商业职能层次提高、范围向外扩展的趋势（修春亮，1998）（管驰明，2004）。袁铁声（1997）对城市传统中心商业区再开发的研究，耿慧志（1998）对城市中心区更新的研究，李沛（1997）对当代全球性城市中央商务区（CBD）规划理论的探讨，他的博士论文从定义、交通、国内外个案等方面对CBD理论进行了综合研究。阎小培、许学强（2000）对广州市CBD的功能特征、成因、空间结构和发展进行了实证研究，宋启林（1993）、孙一飞、吴明伟等（1994）分析探讨了CBD的发展机制、空间演化规律和研究方向，汤建中（1995）以上海为例研究了CBD的演化和职能调整，陈泳（2003）对苏州商业中心区的演化研究等。

（2）商业业态与商业网点规划研究

商业网点布局是商业地理学研究的核心问题之一。长期以来，中国大陆的学者对城市商业空间结构的研究主要侧重于商业网点的规模等级空间分布。这些研究多以中心地理论为基础，对一些大城市如北京（龚进华，1982；徐放，1984；高松凡，1989；杨吾扬，1990；杨吾扬，1994）、上海（宁越敏，1984；郭柏林，1993，1995）、广州（吴郁文等，1988；阎小培等，1992）、兰州（安成谋，1990）、昆明（陈忠暖等，1997）、西安（刘彦随，1995）等进行了相应的实证和演绎。总体上看，这些研究多是根据零售商业设施的供给现状，按照距离衰减法则，运用"同心"模型、潜能公式、断裂点公式、高度指数和强度指数、多因子聚类分析和主成分分析等，测算城市零售业设施的中心性、等级性，确定市场范围和中心商务区范围划分商业区域类型，从而得出我国城市内部商业中心地三级等级结构特征。刘建华（1991）提出了商业网点的最佳规模和发展的决策方法，赵德海、郭振等（1999）提出商业网点的布局和规划原则，徐晶（1999）则对城市化与商业网点规划的关系进行了探讨。商业布局受到生产区位布局和社会消费状况的制约，由于两者之间存在时空距离，商业布局必然受到交通储运条件的影响，必须依据客观条件对前述三者之间的矛盾进行充分协调，才能获得较好的经济和社会效益（苏志平，1997）。很多学者还总结了各种商业形态，构建了一个较为完整的城市商业网络结构图，包括不同层次的商业中心、干道两旁呈带状连续分布的商业网点形成的商业带和专业化商业区，每种商业形态内部又可分为若干商业功能区（崔功豪等，1992；许学强等，2001）。

（3）消费者行为与心理研究

仵宗卿等以天津市民问卷调查结果为基础，详细分析了市民购物出行的空间、频度、时间以及目的和出行方式特征，分别对城市商业发展提出了相应的规划和经营管理指导性建议，通过建立基于不同收入阶层对各级商品购物距离或频度的购物出行空间等级体系，总结和推理出消费者购物出行的地域和社会经济属性（仵宗卿等，2000）。王德等以上海市曲阳地区居民为例，对市民选择家乐福和易买得两超市的行为特征作了分析，表明距离、价格和商品质量是选择超市的主要因素，其中距离即购物的便利性为首要考虑因素（王德等，2002）。严先溥等从地区、城乡、收入差别等多个角度，分层次地划分消费群体，研究了中国居民消费群体的地域差异，提出应根据不同群体的特点和指定相应的消费和税收政策来调节收入和分配关系（严先溥，2002）。从微观层面看，消费群体的差异在各个消费领域和消费分层体系都真实地存在着（李培林等，2000）。在城市新兴住宅小区内，居民阶层同质性相当高，中国城市社区正在走向阶层化（徐晓军，2000），与之对应出现消费分层状况。消费者空间分布制约着商业活动（许晓辉，1997）。

柴彦威（2002）从城市商业活动的需求方面出发，关注组成城市居民日常活动重要方面的购物活动，研究购物活动的时空结构特征。同时，他引入时间地理学的基本框架，以大连、天津和深圳的活动日志调查为基础，对中国城市居民购物活动的时间利用特征、时间节奏特征、购物出行特征以及购物时间和空间特征进行研究。主要研究内容包括：①在连续时间轴上考察城市居民的购物活动，总结中国城市居民购物活动的时间节奏特征。②运用出行率、出行目的结构及出行链、出行方式等指标，考察中国城市居民购物活动的出行特征，分析中国城市居民的一般日常购物出行模式。③以深圳市为例，分析中国城市居民日常购物活动的空间特征，总结出休息日和工作日城市居民的日常购物活动圈层结构模式；同时，通过地区差异比较分析区位对居民购物空间的影响；通过属性相关分析探讨居民个人社会经济属性对日常购物空间的制约机制。④分析居民不同等级商品购物活动的空间特征，并得出了中国城市居民购物活动空间的等级结构模型。他还发现了0.5km、1～2km和5km这三个距离带在中国城市居民购物活动中具有象征性意义，分别对应不同消费品的主要购物空间，同时，还发现居住区位对居民日常购物活动空间具有重要的意义。

（4）新业态与发展趋势研究

于伟霞以零售生命周期理论为依据，对中国零售业的发展历程进行了定量化的描述，通过借鉴世界零售业的发展，来寻找业态集中发展的主要影响因素和业态发展的基本规律，对中国今后几年零售业态的发展趋势进行了深入阐述。认为超市和专卖店将很快走向成熟期，大型商业中心将完成从导入期到快速发展的转变，仓储式商店在大中城市将继续有较大的成长空间（于伟霞，2000）。沈乐认为城市百货商业直接关系人们生活，经历了大起大落的变化后，近年来出现了一些新的趋势，商业体系、投资主体和组织形式都发生了变化（沈乐，1998）。主题百货商店是对百货商店进行革新而产生的一种新业态，如深圳的女人街、上海的运动城和电脑城等（秦陇一，2003）。连锁超市一从出现就表现出较强的生命力，逐渐占领传统的家庭式的作坊，成为学者研究的焦点。郭柏林分析了连锁超市及其配送中心的空间结构模式，并提出根据各要素的区位指向、适宜服务半径，合理布局、优化超市空间结构，使各要素的数量配比、规模与城市规模相适应（郭柏林，1997）。购物中心作为一种全新的商业集聚形式和经营管理模式，被认为是一种理想的购物模式，购物中心体现出来的人文关怀、多业态的相互融合、相互依存，将为城市中心区复兴和旧商业街的改造提供新的发展思路（葛建华，2003）。虽然进入中国的时间不长，但显示了很大的发展潜力和魅力。顾建国认为"购物中心的发展将开启中国大型商业设施建设的未来"（顾建国，2003）。

（5）城市化与商业郊区化研究

从国外城市发展的过程可以清楚地看到，城市化与城市空间和商业空间的集聚与扩展有着紧密的联系，是扩展的重要动力机制之一。城市功能结构的转变及空间结构的分散是现代城市的发展趋势，在这个过程中，人口、传统制造业及传统的服务业由市区向郊区转移（徐和平，2000），由此导致商业郊区化。但近期有学者认为郊区化的生产需要发达的交通和城市化水平达到50%，我国的上海、北京、广州、沈阳、武汉等特大城市已经具备了生产郊区化的基本条件。并认为集中城市化发展阶段可以与郊区化阶段并存（石忆邵，1999）。还有学者认为中国城市中心区人口的绝对下降并不一定表明郊区化的开始，我国郊区化实质只不过是城市的扩大化（张京祥，1998），中国并未开始真正的郊区化，仍处于集中城市化发展阶段（张越等，1998）。正是城市郊区化引发了商业空间的离心发展。周一星教授曾预言中国的城市正处在人口和工业郊区化的初期，但并不排除未来朝商业和办公业的偏离中心扩散的方向发展的可能性（周一星，1996）。王琳以上海市徐汇为例分析了中国发达地区大城市人口郊区化、城市产业结构调整、人们消费行为改变、零售业态变革等引起的商业郊区化的产生机制和中国商业郊区化被动性、滞后性的主要特征以及商业中心恶性竞争、城郊商业设施不足、批发时常衰退等城市商业空间结构的主要问题。从商业业态、商业时间演化和商业地域结构等角度提出了建立完善的商业地域结构、建立社区商业中心、发展社区商业和连锁经营，调整批发市场等应对城市商业郊区化发展的对策（王琳，2002）。通过北京郊区化进程中人口分布与大中型商场布局的互动研究，表明人口郊区化对大中型商场分布郊区化有正向的带动作用，同时大中型商场中心的偏移对人口的分布也有较大的影响（周商意等，2003）。

（6）城市空间结构与形态研究

对于城市空间结构研究主要有：唐子来、吴启焰等从不同的角度进行了完整的论述，阎小培、甄峰等对信息时代城市空间的研究，朱喜钢应用城市空间集中与分散理论对城市空间结构演化机制进行的研究，田银生、刘韶军曾提出10—20世纪西方城市空间经历了封闭型、构成型、功用型、开放型4种形态，武进对中国城市的形态、类型、特征及其演变规律进行了系统探讨，胡俊（1995年）通过研究中国古代和近代的城市空间结构的发展，推导出以工业用地布局为主导、以各项用地有计划配置为特色的我国现代社会主义城市空间结构的基本模式和要素结构特征，与此同时，还依据基本组成区各自发展程度的不同及空间相互配置关系的特点，归纳出中国现代城市空间结构的7种基本类型，即集中块状、连片放射状、连片带状、双城、分散型城镇、一城多镇和带卫星城的大城市结构类型，总结出中国现代城市仍呈现出较为突出的紧凑布置的特征，提出了中国城市空间结构发展的总体规律与基本框架。此外，黄亚平（1999年）将各领域的城市空间研究归类于分析理论和解析理论，从实证的角度考察世界范围内的城市发展过程与城市空间变迁的规律，并在整合相关城市空间理论的基础上提出了一种具有城市规划实践指导意义的城市功能空间分析框架，阐述了城市地域功能分布与空间结构及形态的优化策略。

3.1.3　研究评述

与国外的研究成果相比，我国的商业空间结构研究受古典中心地理论的影响颇深，但还未形成具有特色的理论体系。从研究方法上来看，大多数成果主要应用的是定性描述和实证研究的方法，而对行为、结构和方法等运用还较少。从研究内容来看，对城市与商业空间形态、土地利用、土地经济学方面的研究较多，对城市空间、个体行为、社会结构和制度，以及三者之间互动关系的研究较为薄弱，从研究时序来看，研究区域置于一个封闭的系统，缺乏从"社会空间统一体"角度透视转型期城市空间结构演化的研究。从研究层次来看，宏观、中观层次的研究较多，微观层次较少。

3.2　主要相关理论综述及借鉴

3.2.1　城市空间理论

城市空间理论从城市功能的空间组合与布局角度，阐明了城市的空间结构模式，提供了对城市空间模式形成与演变规律的科学解释。无论是传统的城市空间结构理论，还是现代城市空间结构理论，都从城市整体的角度涉及产业空间以及城市各功能要素的分布问题。

1）城市空间分析理论

城市空间分析主要从3种角度切入。城市设计理论是从物质实体要素（如建筑、街道、树林、交通设施等）与其周围的虚空间之间的交织、组合关系入手，通过对城市空间整体或某一局部的共时态空间格局与模式特征加以剖析，得出空间要素之间的形式组合规律及处理它们相互关系的艺术原则。地理学科的一个传统领域是对于城市内部空间分异模式的判识和测度，在方法上趋向于运用量化技术和统计方法。社会学科多从城市实证研究入手，运用归纳和统计方法得出城市内部空间分异的表征要素，并据此判识城市社会空间的结构模式。❶

城市空间的实体分析理论是从"质"与"量"两个方面来研究城市空间构成及其要素，日本《新建筑大系17—都市设计》一书中所描述的城市空间的"质"是指城市空间的功能（function），又可以分为两类，一类是基础空间（infrastructure），一类是活动空间（activity space）或称目的空间（objective space），也就是城市中不同活动性质的特定区域，如居住区、商业区、办公区、工业区娱乐区及附属农业用地区等；"量"（intensity）是指其强度，包括人口密度、土地单价、容积率、建筑密度、建筑高度、开发速度以及空间产品的产量等。这种分析更多偏重于从城市功能活动的地理特征及规划控制指标来辨析城市空间，并注重功能活动与空间的相互依存和支持，同时又考虑了物质空间与社会环境的协调，具有较强的可操作性与借鉴意义。

城市构图理论以城市整体形式为出发点，探讨城市空间各组成要素间的艺术处理原则与城市形式美的规律，是城市空间分析与创造的重要方法之一。城市构图理论的发展脉络可以粗略地表现为从"对称法则"到"均衡法则"，再到"多元探索"的演变，即经历了城市早期形成的古典城市构图理论，工业化时期城市迅速膨胀形成的现代城市构图理论以及当代城市构图理论的多元探索三个阶段。"城市构图"注重城市空间及形态所呈现的直观表象的美感，"均衡法则"是现代城市构图理论的基础，1933年《雅典宪章》提出的城市功能分区原则也为均衡法则的实现提供了理论依据。从我国的城市规划方法和城市建设的发展来看，追求城市空间及形态构图形式的美感、均衡布置城市各功能要素是我国城市规划中的重要内容。

2）行为学派城市空间解析理论

（1）可达性影响土地使用的理论

A. Z. Guttenberg于1960年提出了一套城市结构与成长发展理论（the theory of urban structure and urban growth）。他认为城市结构的成长和发展，可用"可达性"（accessibility）来解释，称之为"社区居民用以克服距

城市商业空间新结构模式

---

❶　黄亚平. 城市空间理论与空间分析. 南京：东南大学出版社，2002. 5.

离的努力"。同时，他把活动的空间使用分为"分散性设施"（distributed facilities）与"非分散性设施"（undistributed facilities）。如果运输条件不好，则工作场所、消费场所、社区服务设施等倾向于分散的模式，反之，则倾向于集中的模式。因此，他认为城市空间结构与社区居民用以克服距离的努力有密切的关系，交通运输系统关系到城市成长的命运和方向。可达性同样是商业空间区位选择的重要依据之一，但无论城市空间结构是分散模式还是集中模式，都有相应的商业业态形式与之相适应，但对城市空间结构的影响方式和强度则不尽相同。

（2）城市成长的交通理论（A Communication Theory of Urban Growth）

该理论是R. L. Meier于1962年提出的。他认为人类的相互影响，透过人与人之间保持交通的意愿而表现，成为城市结构形成的一种新概念，同时，还提出了所谓"城市时间预算"（urban time budget）与"空间预算"（space budget）的观念，只要能够掌握城市居民交通时间的利用及其空间分配，则可以预测未来城市空间结构的成长与变迁。随着科学技术进步，城市交通条件和设施改善和劳动生产率的提高，人们的工作时间不断减少，生活、消费和娱乐的时间不断增加，城市成长中的交通目的越来越成为满足城市居民除工作以外其他需要而设立，通常城市交通的时间与空间概念与商业业态空间的商圈和门槛距离有关。

3）城市空间集聚与扩散理论

城市空间是城市所有要素的载体，城市聚集经济实际上是两种"力"的作用：集聚力和扩散力[1]，因此，城市空间要素聚集力的作用也体现为城市空间集聚与扩散现象，并带动城市要素的集聚与扩散。在城市空间的研究领域，集聚与扩散（agglomeration and dispersion）和集中与分散（concentration and decentralization）是最基本的研究视角之一。胡序威等认为空间的集聚与扩散同为经济与人口在空间分布动态变化中所呈现的对立与统一的过程（胡序威等，2000）。顾朝林等认为集聚力与扩散力影响城市的社会经济活动，分散力和集中力影响城市的形态与结构（顾朝林等，2000）。朱喜钢认为集中与分散是城市空间演化中的基本表现，它们贯穿于城市发展运动的全过程，并体现在不同尺度城市空间结构形态的组织上。集中与分散是一种空间结果的描述，而集聚与扩散是一种自组织方式（朱喜钢，2002）。

埃里克森（Erickson，1983）认为城市空间集中与分散存在三个阶段：

---

[1] 冯云廷. 城市聚集经济一般理论及其对中国城市化问题的应用分析. 哈尔滨：东北财经大学出版社，2001. 1.

1、溢出与专门化阶段。紧连中心城市的郊区获得工业扩散，就业集中在近郊区的小节点上，郊区的就业结构与大都市相比并无明显的变化，只是在专门化地区的要求上有所不同，集聚经济进一步推进了簇状的专门化。2、分散与多样化阶段。大规模的郊区化进一步将就业人口分散到更远的地区以及大量的郊区镇，随着私人汽车成为主要的交通工具，商业区不再是原来意义上的CBD，而是被扩散到外圈的中心，随着零售、批发与服务部门的增长，郊区的制造业"疲软"，战后制造业的就业增长比商业就业增长慢得多，因而郊区经历了多样化。3、填充与多核化阶段。这时就业方式仍然是分散的，然而有相当多的工作填充到靠近环路以及主要的都市走廊，原因是道路系统的功能改变了大都市地区的可达性，这种改变也影响了某些机关工作岗位的集中过程，结果使得多核化发生并向多核结构演化（图3-1）（朱喜钢，2002）。

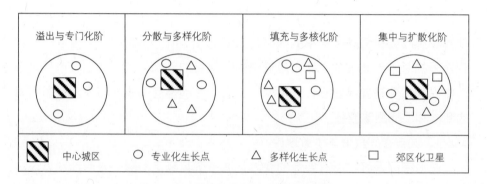

图3-1　Erickson城市空间发展的模式

资料来源：朱喜钢，城市空间集中与分散论，中国建筑工业出版社，2002.8。

3.2.2　零售地理学理论

1）琼斯（K. Jones）和西蒙斯（J. Simmons）的商业区位论

零售业是商业地理学研究一个相对独立的专题，道森（Dawson，1980）的《零售地理学》在综述前人研究的基础上，提出了零售地理学实证与理论研究的可能性框架，该框架反映了零售业已有的研究状况和发展方向，也反映了区位在研究零售业业态状况中的重要地位。在零售地理学研究中，琼斯（K. Jones）和西蒙斯（J. Simmons，1987）的经典论著《零售区位论》（Location，Location，Location—Analyzing the Retail Environment），从需求、消费者行为、零售结构、区位分析等角度，对零售环境进行了系统的探讨。在内部结构上，主要研究零售业的等级结构、空间结构、人口与交通等要素的影响，在空间结构上，主要研究零售链的地域规模与区位选择、商业区与中心城区的零售业，并对市场决策、贸易区分析、位置选择和区位战略进行了系统地论证。

2）零售业结构演变理论

零售业结构演变理论是零售地理学研究的一部分，是关于零售制度变化的理论，零售业结构是指零售业在所有权、组织类型、组织规模和地理范围等方面的构成。这些构成的变化能够反映一个社会零售业发展变化的基本趋势。其中包括：

（1）麦克奈尔（M. Mcnale，1931，1958）的零售转轮理论。按照这一理论，一种零售组织或零售形式从其诞生到衰落，一般要经过三个阶段，即进入阶段、费用上升阶段和衰落阶段。零售转轮理论有四个要点。第一，零售业组织结构的演变是基于成本和价格的，成本和价格越低的组织形式越可能兴盛；第二，新型组织形式的成功在于较低的经营费用和较低的价格；第三，新型组织形式一旦在零售系统中站稳脚跟后，势必增大经营费用；第四，增大经营费用会导致另一种新型组织形式的出现。

零售转轮理论提出以后，许多人对其加以验证，发现了许多与此理论相符的实例，如西方的专业店、百货商店和折扣商店的发展历史。这几种零售商最初都是以低价、低利的形式进入市场的，后来为了提供新的服务和改善服务设施都不得不提高价格以弥补经营费用的提高，最后都由于价格的提高而变得衰弱。也有一些人批评这一理论，他们认为这一理论把成本和价格当作决定零售组织演变的唯一变量，显然是把复杂的经济现象过于简单化了。他们发现许多零售形式的演变并不是按照零售转轮在转动的，比如自动售货机、市郊的购物中心等。还有人不反对这一理论，但认为零售组织按照转轮转动的速度正在减慢，因为许多零售商已试图在转轮中找一个合适的位置，然后长久地生存下去。

（2）零售手风琴理论。这一理论认为零售组织结构的演变是零售网点提供的商品组合是由宽变窄，再逐渐由窄变宽的一个交替变化的过程。零售手风琴理论并没有弥补零售转轮理论过于简单化的缺陷。此外，它还有一个致命的弱点，即它所给出的影响零售组织结构演变的决定性因素——商品组合的宽窄，只是零售组织结构演变的一种现象，不是真正的原因。因此，此理论只适合描述零售组织结构的演变，而不适合解释和预测零售组织结构的演变。而且其描述零售组织结构演变的适用性也大可怀疑，因为用此理论描述零售组织结构演变过程的准确性在很大程度上取决于描述者所选择的观察期和观察对象。

有人用西方现代零售业的发展历史解释这一理论，美国现代零售业开始于普通店。普通店的经营范围非常广，从衣物到食品、农具，几乎无所不包。而后，随着人口向城市集中，比普通店专业化的百货店出现了，在百货店取代普通店成为主要的零售组织形式的同时，比百货店更专业化的邮寄商店，以及很多单一产品线的专业店，如书店、药店、鞋店等等相继涌现。五十年代后期，虽然商品组合由宽变窄的活动并没有停止，一个相反的趋势，即商品组合由窄变宽，已经初露端倪，而后迅速展开。以食品零售业为例，从食品杂货店到超级市场，再由超级市场到综合商店最后发展到大型超级市场，商品组合将越变越宽。

（3）零售正反合理论。这个理论认为零售组织结构的演变，是不同零售组织与其对立的零售组织间相互适应和兼容的过程，体现了一种"正—反—合"的演进模式。零售正反合理论的优势在于，它在很大程度上可以解释零售组织形式的多样化，而零售组织形式的多样化是最初几种零售组织之间相互适应、取长补短的结果。最初，美国的百货商店提供范围广泛的服务，如分期付款、送货上门和质量保证，并且拥有良好的室内装潢和诱人的购物环境（正）。然后出现了折价商店和专业店。折价商店的商品组合与百货商店没有什么大的区别，但为了降低经营费用，以低价取胜，为消费者提供的服务则是能减则减，室内装潢和购物环境也不那么讲究（反）。两种不同的零售组织中各有一部分向对方转变，于是出现了介于两者之间的第三种组织形式——促销价格竞争、商品组合广、讲究室内装潢和购物环境的特点（合=正）。专业店是百货商店的另一个对立面，同时也可以看作是促销百货商店的对立面（反）。两种组织中各有一部分向对方融合，展现了一种向自有品牌过渡的趋势（合）。

（4）零售生命周期理论。它根源于产品生命周期的概念，认为零售组织也像产品一样，有一个创新、成长和衰亡的过程。零售生命周期理论与零售转轮理论在本质上是相同的，不同之处在于零售转轮理论把变化的动力归之于费用或价格的变化，而零售生命周期理论则将变化的动力归之于许许多多不同的因素，其中也包括价格。这一区别，使零售生命周期理论具有更强的解释能力。比如西方发达国家的购物中心，从四十年代开始向市郊转移，就是为了适应消费者生活郊区化的趋势。随着越来越多的消费者从市中心移往郊区，越来越多的市郊购物中心建立起来，而原来热闹非凡的市内购物中心开始萎缩。又如传统的百货商店，由于长期以来一直踞守在闹市中心，当它们顺应环境变化移往郊区时，面对新的环境和新的问题很难适应。它们的市场占有率一直在下滑。

3.2.3 消费行为及消费心理学理论

1）消费行为理论

（1）消费者行为模型

20世纪60年代中期，集聚模型占据主流地位（重力—熵最大值模型等处于从属位置），60年代后期购物行为随机模型得到重视。70年代中期，行为模式趋于多元化，大多数关注个人的选择行为，80年代中期，动态选择模型（如里格利，1982）和限制性模型研究长足发展。伯内特（Burnett）、汉森（Hanson，1982）将经济、制度、时间和性别等限制模型广泛用于研究消费者出行方式和目的地的选择。在各种消费研究的方法中，托马斯（1976）将模型研究和行为途径的关系进行总结，提出了一个综合模型，模型的框架中包括：中心地理论、空间相互作用理论中雷利（W. J. Reilly）的零售引力法则、认知行为途径中Katona循环模型和霍华特（Howard）循环模型等经典研究成果。

霍金斯（Del I. Hawkins）、贝斯特（Roger J. Best）和科尼（Kenneth A. Coney）（1980）提出了一个描述消费者行为的概念模型，他们认为消费者在内、外部因素的影响下形成自我形象和生活方式。其中，内部因素主要包括生理和心理方面，外部因素主要指社会、人文和人口统计方面。消费者自我形象与生活方式导致与其一致的需要和欲望的产生，这些需要和欲望大部分要求以消费来获得满足。一旦消费者面临相应的情境，消费决策过程将被启动。这一过程以及随之而来的产品获得与消费体验会对消费者的内部特性和外部环境产生影响，从而最终引起自我形象与生活方式的调整或变化。这个模型从更加广泛的角度分析和研究了消费者行为的影响因素，它对大型综合购物中心的产生、发展以及在城市空间中的区位选择提供了重要依据。

传统的需求研究大多将价格最低作为消费者购物的出发点，培根（Bacon，1971）构建了研究多目的购物行为的基本模型。蒂尔（Thill）、戈森、麦克拉夫特和凯利等人也对多目的购物行为进行了研究。多目的购物行为是对中心地理论的修正和补充，中心地理论的一个重要方面是同功能企业的空间集聚。帕尔和德尼克（Denike，1970）认为，根据中心地理论的原则，企业区位选择应尽量远离竞争者，但集聚却能使企业和消费者都受益，他们的研究发现每次购物的交通费会由于多目的购物行为而下降。伊顿和利普斯（1982）的研究指出，消费者多目的购物行为的费用可影响企业的集聚，最终形成均衡的布局。戈森、麦克拉夫特（1984）、马里根（1983、1984、1986）提出了检验消费者多目的的购物倾向模型，他们的研究认为集聚是一个企业和消费者双赢的局面，多目的购物行为对不同类型企业的集聚有重要的意义。

消费行为从集聚、多元、动态发展，再到在内、外部因素的影响下形成自我形象和生活方式的变化，影响了零售业态空间结构的发展，也影响了大型综合购物中心在城市中的区位选择、空间分布和业态类型组合，从而也对零售业态所在的城市空间和其他功能要素产生相应的影响。

（2）消费行为特征

民族、文化传统、地理条件等方面的差异，虽然使得不同国家、不同民族、不同地区的人有着不同的消费行为和习惯，但仍存在一些共同的特征。消费行为具有时代性、节日性、季节性和历史的延续性等特点。从人类消费行为的总体发展趋势来看，人类的消费需求、爱好和习惯常常表现出周期性回返和消费行为螺旋上升的特性。消费者对一种商品的需要往往连带着对与之相关联的其他商品的需要。商业业态形式的发展必然受到以上消费行为特征的影响，只有适应消费者行为方式的业态形式才能赢得消费者的喜爱，获得最大的商业利益。消费行为的时间特征和相关特征对研究零售业态的空间区位选择、与其他城市功能要素特别是商品住宅开发之间的关系有着重要的理论指导意义，而周期回返特征则可以获得对零售业结构演变规律的深刻认识，从而能够更加准确地预测未来的发展趋势。

2）消费心理理论

（1）马斯洛的需求层次论

根据美国心理学家马斯洛1943年提出的需求层次理论，人类有五种基本需求，即生理需求、安全需求、爱与归属的需求、尊重的需求和自我实现的需求。其中前两种需求是低层次的需求，而后三种则是高层次的需求。这五种需求相互联系，一般来说，只有低层次的需求得到满足后，才会出现高层次的需求。需求层次将影响消费者行为的具体内容，因此，作为消费环境的零售业态空间发展也将随之受到影响。现代的大型综合购物中心更多的是满足人们高层次的精神和心理需求。

（2）边际效用理论

边际效用是指消费者每增加一个单位的商品消费量所能增加需要的满足

程度。其主要内容为：①效用最大化。效用理论的精髓在于说明消费者如何使用自己的既定收入以实现效用的最大化，或者说争取最大限度地满足自己的需要。②边际效用。西方经济学界提出了总效用的边际效用概念。总效应是指从消费某一定量的商品中所得到的总满足程度，边际效用则指商品消费量每增加一个单位所增加的满足度。他们认为，随着某种商品数量的增加，总效用也在增加，而边际效用却在减少。③边际效用递减规律。随着某种商品数量的增加，消费者对该商品的需求强度与从该商品的消费中所得到的享受程度均呈递减状态，即商品的边际效用随其数量的增加而减少。④消费者剩余。消费者所愿意支付的价格与市场实际价格之差在经济学上称为消费者剩余。⑤消费者均衡。消费者均衡指的是消费者谋求如何合理地支配、使用既定的货币收入，以最全面、最大限度地满足自己的消费需要。如果达到了这个目的，实现了效用最大化，就实现了消费者均衡，努力实现这种均衡是影响消费者购买行为的重要因素。

边际效用理论是从满足消费者需要的角度对消费行为所做的一种分析，它揭示了消费行为中的一种决定消费者购买行为的重要因素，即在货币收入一定的前提下求得效用最大化的愿望和努力。同时也从消费心理的角度解释了多目的购物行为产生的根源，这为我们更好地研究零售业态的空间区位、规模和形式等提供了多元的理论支撑。

3.3　重点理论分析

从城市空间理论的角度来看，无论是分析理论还是解析理论，都对城市空间结构演变的影响要素分别做了研究，有的从物质的角度（如物质规划方法），有的从社会的角度（如城市社会结构圈层体系），有的从行为心理的层面（如林奇的城市意象分析）。但在现代城市的空间结构中，各种影响因素复杂，相互之间的关联度越来越强。因此，单个要素发展对城市空间的影响力将逐步减小，各要素之间将通过相互关联影响来取得市场空间的完整性，从而达到各自的空间效益。跨行业的空间交叉、跨学科的理论融合、跨文化的空间层次将是现代城市空间结构演变分析所必要的课题。

城市空间要素的合理分布原理告诉我们空间的功能性及区位特点与商业空间的区位选择之间有着区别与重叠。这种区别代表了现代城市规划理论中"专家"规划原理与"市民"规划原理的差异。我国城市空间规划的专业特点造成了城市功能分区的人工痕迹较深，而商业空间的选择是对市民行为与心理的直接反映。商业空间的区位可以决定空间中零售业态的生死存亡，也可以对相关行业造成直接的影响，从而使城市空间的结构产生变化。

信息化与全球化对现代城市社会发展的影响越来越明显。城市空间的文化性已经成为城市空间中不可缺少的重要因素。现代文化在城市空间中多以商业空间作为载体，在满足人们休闲娱乐的同时，也满足城市空间的商业效益特点。商业企业也开始从原来专业理论中的地理物质空间区位选择慢慢过渡到人文的精神意识空间的区位方面来。两者之间的协调结合才是现代企业的真正区位战略，它对城市空间结构的影响是物质与意识共生的。

3.3.1 城市空间结构演变动力机制分析

1）城市空间结构演变的动力机制

城市空间理论分析主要是从现代城市空间结构演变的动力机制角度看商业空间在其中所起到的作用。石崧（2004）从行为主体、组织过程、作用力、制约条件等多层次深入分析和探讨了城市空间结构的动力机制。他提出：①动力的主体是政府、城市经济组织和居民。政府的政策、战略会造成城市空间系统的结构性变化，国家投资建设又往往对城市发展产生决定性的作用。作为城市的经济组织单元，总是以最小的成本投入换取最大的效用，这便构成了企业在城市中选择空间区位的基本原则。因此，企业是城市空间系统发生结构演变的重要促动者。城市居民为了维护各自在城市空间和土地利用中的特定利益而参与企业和住宅的投资。在市场化比较成熟的国家和历史阶段，城市居民对城市空间结构的作用会比较明显，反之则较弱。总之，这三者构成了塑造城市空间结构的基本力量，它们的共同作用决定了城市空间结构发展的最终走向。②组织过程（自组织与被组织）。城市空间在自组织力作用下经历集聚—拥挤—分散—新的集聚等过程。在这一过程中经济结构及产业内部结构的变化，交通及通信技术的发展，重大投资项目的推动，自然生态因素等具有最为显著的影响。另一方面城市建设中一直存在着有意识的人为干预，即政府加以规划调控及政策引导。城市空间结构的成型就是通过城市空间内部自组织过程以及空间被组织过程相互交替逐步朝着理性的方向发展。③多力作用：包括基础推动力（技术过程）、内在动力（市经济）城、外在动力（社会组织与政治权利）。其中技术革新和城市经济的主体都是企业，而非政府和居民。但政治权利在任何时候都是城市空间中的重要力量，多种作用力相互关联和作用，最终城市空间的形成是一个多力平衡的结果。④外部约束（城市生态环境容量）。城市的生态环境基础的承载力制约着空间结构的格局。王开泳、肖玲（2005）从一般机制和特殊机制两个方面分析了城市空间结构演变的动力系统，认为城市经济的发展是推动城市发展的内生力量，是城市空间结构演变的根本动力。城市经济增长是一个不稳定和周期性波动的过程，伴随着经济增长过程中出现的复苏、扩张、收缩、萧条等现象，城市空间结构也并非逐步均衡的外向扩张，在不同的发展时期，城市空间结构的集聚与扩张交替进行。而城市规划、技术进步和社会结构、人文类型等是城市空间结构演变的外生力量，他们共同作用，不断改变着城市的空间形态。除了一般的动力机制，还对推动城市空间结构演变的特殊动力如新区开发、大型工程建设、交通区位袭夺、突发自然灾害等，这些因素同样对城市空间结构的重构和演变产生了一定的影响。

总之，城市空间结构演变的动力是在城市自然资源条件的制约下，由政府、企业、居民三个利益主体推动城市经济、技术过程、政治权力和社会组织四种力量相互作用。它们之间的相互作用会随着时代的变迁而此消彼长，在不同的社会阶段形成由特定的主导空间引导的城市空间结构。

2）城市空间演变过程中的商业业态空间

（1）中心商业区是城市空间结构中的核心

中心商业区是一个城市最为活跃的部分，担负城市商业中心和城市社交活动中心的职能，是城市商业体系中最高等级的市级商业中心所在地。从世界城市的空间结构特征来看，中心商业区大多位于城市的主要核心地段，也是城市空间结构的核心地区，集中了城市最高等级和最大规模的零售业，汇集了大量的娱乐办公设施。

（2）城市郊区成为商业业态重要的区位选择

随着城市化的发展、交通设施的不断完善、小汽车的普及，郊区将成为城市人口及职能扩散转移的主要区域。城区人口的外迁，带来了购买力的转移。同时，城市中心区的商业设施趋于饱和，用地和基础设施受到限制，郊区逐渐成为商业业态重要的发展区位选择，为中心商业区的大型批、零售企业提供了新的生长点，也影响着城市中心区商业业态形式、结构和空间分布。

（3）经济全球化时代城市空间中的商业业态空间

经济的全球化也带来了竞争的多样化。在现代的城市空间中，商业业态的竞争首先反映在城市空间区位的竞争方面，良好的空间区位意味着良好的竞争优势和商业利润。其次还反映在对消费群体及消费市场空间的竞争。竞争主体还可能出现城市内部的商业业态与城市外部、区域外部和国外的商业业态在同一个城市空间中相互竞争局面。

（4）中国的城市空间演变与商业业态空间发展

①我国自1978年改革开放，至90年代社会进入转型期，再到加入WTO零售业最早进入开放的行业，社会经济从计划经济逐渐走向市场经济。城市的商业设施随着城市的扩张和社会变革发生剧烈变化，原有的计划经济模式下的商业等级和业态空间遭受破坏甚至解体，取而代之的是符合现代消费需求的新的城市商业体系。这种商业体系既有对原来商业等级结构和功能的某种继承，更是对传统商业的功能重组和改造更新。

②商业业态空间相互影响、共同发展。

③商业企业体制改革带来了商业业态形式和发展的多样化和市场化，商业业态空间的发展逐步与城市空间的发展趋向协调和平衡。

④城市经济与居民消费的增长极大地推动了商业业态空间的发展。

3.3.2　城市空间集聚与扩散的延展

集聚与扩散是城市发展的两种基本力量。城市空间集聚与扩散实际上是实体聚集和扩散所带来的空间密度的重新分布效应。空间密度包括实体建筑变化所带来的人流、物流、信息流、资金流密度的变化。现代大都市的复杂性、多样性、开放性早已远远超过以往的任何城市，网络化（networking）的发展逐渐成为人类活动组织动态、自我扩张（self-expanding）的主要形式，自生自发的社会秩序必然而且已经成为现代大都市的定义性特征，城市治理模式必须适应多中心治理的需求。西方国家的城市化经历了一个由集聚到分散的基本过程演变过程，而今天在中国的很多发达地区，由于城市意识的普及、快速交通与通信条件的发展，集聚城市化与分散城市化、就地城市化与异地城市化等表现出同时并存的特征。

1）城市空间聚集实际上是实体聚集所带来的空间密度效应

空间密度包括实体建筑的增加和由此带来的人流、物流和信息、资金流密度的增加。在城市空间中最容易形成聚集效应的是商业空间和空间中的大型综合购物中心。因此，城市空间的聚集主要是由于商业空间中大型零售业态密度增加，并带来周边关联行业空间的密度增加。同时，由于集聚带来的业态之间的竞争不断加剧，为了在竞争中赢得主动，大型零售企业又不断地在另外的区域发展连锁商店，形成零售业态的扩散效应。

2）城市空间扩散是实体扩散带来的空间密度重新分布

扩散的过程和结果是一个重新聚集和聚集点重新分布的过程。商业空间的扩散效应具有明显的带动作用。扩散后的大型综合购物中心所在区域又会重新产生集聚作用，形成商业空间和关联行业空间密度的重新分布。

3.4 研究的理论框架

　　基于上述分析，作者将运用商业地理学、零售地理学以及城市空间理论，对商业空间结构演变的机制和商业空间的新结构模式进行分析（图3-2）。

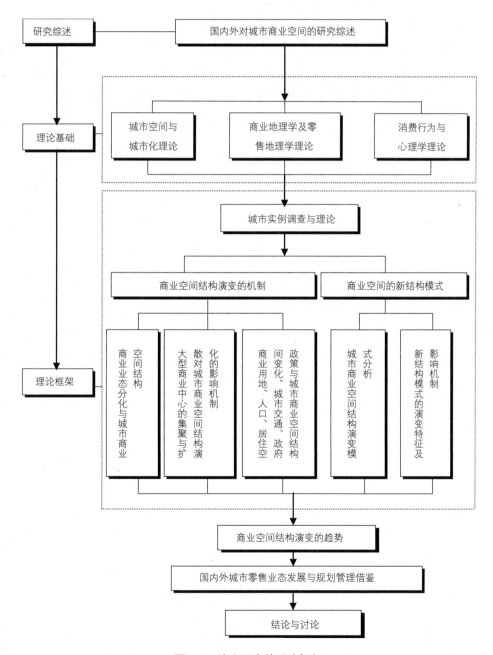

图3-2　论文研究的理论框架

第4章 实证研究与分析：长沙城市商业空间结构演变与规律

4.1 城市商业空间结构发展概况

4.1.1 长沙城市空间发展概况

1）城市化发展

类比我国的城市化特点，长沙的城市化进程大致经历了三个阶段。第一阶段是新中国成立到改革开放前（1949～1977年）。这一时期由于政治因素的影响，无论工业化，城市化，大多处于曲折迂回状态。1949年长沙市城市化水平只有12.4%，经30年的发展，1977年仅达到19%，城市化水平年均提高0.24个百分点。第二阶段是1978年改革开放以来，全市城市化水平由1978年的20.7%迅速提高到2001年的44.7%，年均提高1.04个百分点。2002年至2011年是长沙城市飞速发展的十年，城市化率由2002年的46.2%提高到2011年的68.5%，年均提高2.23个百分点（表4-1）。

2012年长沙市城镇人口495.84万人，城镇化率69.38%。城镇人口比2006年净增130.57万人，平均每年增加21.8万人；城镇化率比2006年提高12.88个百分点，2006～2012年年均提高幅度为2.15个百分点。2012年长沙市城镇化率高于全国平均水平16.81个百分点，比全省平均水平高22.73个百分点。根据雷·诺塞姆用S形曲线三阶段理论概括的城市化进程一般规律，长沙城市化进程正处于中期加速阶段（30%<城市化率<70%）。

长沙城市化发展情况   表4-1

时间/年	1949	1977	1978	2001	2002	2003	2004	2005
城市化率%	12.4	19.0	20.7	44.7	46.2	49.2	51.2	53.9
同比增长百分点%	–	6.6	1.7	24.0	1.5	3.0	2.0	2.7
时间/年	2006	2007	2008	2009	2010	2011	2012	–
城市化率%	56.5	60.2	61.3	62.6	67.7	68.5	69.38	–
同比增长百分点%	2.6	3.7	1.1	1.3	5.1	0.8	0.89	–

资料来源：作者根据长沙国民经济和社会发展统计公报整理，"–"表示无数据。

2006～2012年长沙市人均GDP由3.30万元增加到8.99万元、城市居民人均可支配收入由1.39万元增加到3.10万元、财政总收入由217.19亿元增加到796.60亿元，年均增速分别达18.2%、14.3%和24.2%；非农产业比重由94.51%提高到95.75%，平均每年提高0.2个百分点；城市居民与农村居民收入比（以农村为100）由2.56下降到2.06，收入差距缩小0.5个百分点。

目前，长沙的城市商业空间发展仍以城市中心区为主，专业大卖场如家居、建材、汽车市场等布置在城市边缘区。长沙商业业态结构呈现出中心区商业业态功能发育成熟，功能结构完整，其职能、规模、档次、服务范围等远远高于边缘区商业的局面。

2）城市功能的转变

（1）城市功能与性质的转变

《长沙市国民经济和社会发展第十二个五年（2011～2015年）规划纲要》指出：未来五年，我市正处于可以大有作为的机遇期、实现全面小康的决战期、转变发展方式的攻坚期、奠定城市格局的关键期，发展机遇与挑战并存，但总体上机遇大于挑战。率先基本建成"两型"城市和实现全面小康。基本建成"两型"城市。构建形成推进两型社会建设的体制机制，形成符合"两型"要求的内生发展模式。能源及资源利用率显著提升，环境及人居质量明显改善，可持续发展能力显著增强。大河西先导区核心区基本建成，成为全国两型社会建设的样板。实现全面小康目标。全市经济、政治、文化、社会、生态建设迈上新台阶，各项经济社会发展指标全面达到小康要求。2015年人均地区生产总值约12万元，社会事业更加繁荣，基本公共服务体系更加完备，人民生活更加殷实幸福。

有效整合提升商贸、旅游、文化、餐饮、娱乐等各类优势资源，引进若干龙头企业和标志性项目，培育独具长沙特色的消费品牌，重点打造国际文化娱乐之都、国际旅游目的地、中部购物天堂、区域医疗教育中心、区域新能源汽车消费中心，为扩大外来消费、推动消费结构升级提供有力支撑。

全面提升芙蓉中央商务区集聚辐射功能，规划建设高铁新城商务新中心和大河西滨江片区商务新中心，促进人流、物流、资金流和信息流的加速集聚。科学规划建设重点商圈、重点市场和重点街区，合理布局大型商品批发市场和大型商品零售市场，提高特色商业集中度，增强消费吸引力和辐射力。积极培育和引进大型商贸综合体，打造标志性龙头娱乐项目，策划包装精品旅游观光线路，推动商贸、旅游、文化、娱乐等功能的有机融合，形成一条龙链式消费。

重点提升城外、城际、城内交通的通达性和便利性，着力构建长株潭"半小时消费圈"，省内及周边城市"一小时消费圈"、"两小时消费圈"，积极拓展消费经济腹地空间。健全和提升城市的集散功能、配置功能、服务功能，加强社区便民店建设，完善社区便利购物体系，打造城区"10分钟消费便利圈"。健全农村市场网络，提高农村市场的连锁经营覆盖率和统一配送率。加快推进中部地区唯一的移动电子商务结算中心建设，积极发展电视购物、网络购物等新型商贸业态，推动商品品牌、门店销售、网上购物和快递物流等一体化。

随着长沙城市经济不断发展，人均可支配收入增加，消费结构和规模升级，促使零售业态结构转型。诸多百货商店进行了商场改造和商品结构调整，逐步向现代百货商店转型。专业化和规模化是传统百货业转型的必然之路。其中，服装服饰卖场面积扩大、家电卖场面积压缩、品牌档次升级成为不少企业的调整方向。家电商品利润不高，个性化消费的兴起，部分决定了百货企业向现代百货商店转型的商场改造行为。连锁扩张与并购重组成为热点，便利店业态和大卖场业态成为城市最重要的两种业态形式。同时，与人们生活质量提高紧密相关的新业态形式不断产生，如家居建材产品大卖场，花卉、果品和汽车销售等专业市场。

城市空间扩展、人口增加、生活和消费水平提高，以及将发展目标定位为区域性中心城市，促进了长沙城市功能和性质的转变，推动了城市商业的发展，传统的商业中心不断更新改造，新的商业空间不断产生。其中大型综合购物中心为发展最快的零售业态之一。

（2）城市群发展的影响

随着长株潭经济一体化的不断推进和《长株潭产业一体化规划》的实施，作为经济一体化内在要求的长株潭产业一体化被提上了日程。《长株潭产业一体化规划》指出：长沙作为长株潭最有潜力的产业增长中心，将以高新技术产业和第三产业为重点，特别是发展壮大以电子信息为主的高新技术产业；加快发展金融、科技、教育、文化、信息、旅游业，着重构筑现代科教中心、商贸中心、文化中心及信息中心。在空间布局方面，高新技术产业布局将以现有空间分布为基础，沿湘江西岸形成以长沙高新区、岳麓山大学城、湘潭大学科技园、株洲高新区为主的高新技术产业带。三市要将现有分布在三市城市中心区和三市沿江地区生产型企业逐步外迁至三市总体规划布局的新工业区，远景规划在该地区的东部沿南北向发展轴线采取串珠型布局新的工业区，形成一条以制造业为主的产业带。长株潭第三产业的布局重点，将放在三市城市区的各功能区，并突出各自特色、扩大辐射半径、增强带动功能、避免重复建设；长沙市主要是金融、证券、保险、市场中介、咨询、旅游、文化、教育等新型第三产业。在商业发展方面，长沙以建成全国区域性、现代化商贸中心为目标，加快建立以大商场、大市场、大网络为重点的长株潭现代高效市场流通体系，大力发展会展经济。争取形成1至2个成交额过百亿元的大市场。长株潭经济一体化促进了长沙商业空间的进一步发展，并明确了发展方向。与此同时，城市群的发展使零售业态空间的发展呈现相互吸引和渗透的现象，竞争也使得本地零售业态形式向大规模与综合性方向发展，纷纷在竞争城市中心区的繁华地段选址开店，成为城市空间结构的一种内力作用，对处于外力作用下的零售业发展起到缓冲的作用❶。

3）产业结构与城市经济发展

经过"十一五"的快速发展和积累，产业结构优化升级，长沙经济步入了新一轮的快速增长周期，经济增长连创新高，经济总量不断迈上新台阶，经济内生增长能力不断增强，综合经济实力进一步提高。2008年地区生产总值首次突破3000亿元大关，2006～2010年间全市累计地区生产总值22413亿元，相当于"十五"期间的4.4倍；2010年人均生产总值达64551元，比2005年的23774元增长了63.2%。"十二五"以来，2012年人均生产总值达89903元，比2010年的64551元增长了39.3%。三次产业比重由2005年的6.4：44.1：49.5调整为2012年的4.3：56.1：39.6，第一产业和第三产业分别下降5.4和12.0个百分点，第二产业提高17.4个百分点。产业结构由"三二一"转变为"二三一"发展格局。第一产业增加值占地区生产总值的比重下降2.1个百分点；第二产业增加值占地区生产总值的比重逐年上升，增幅为12.0个百分点；第三产业增加值占地区生产总值的比重总体上呈下降态势，降幅为9个百分点，形成了二、三产业共同拉动经济增长的格局，产业结构调整步伐明显加快（表4-2）。从长沙在全国省会城市GDP的排位来看，2005年长沙GDP总量居全国省会城市第12位，与第11位的郑州尚有127.4亿元的差距。到2011年，长沙GDP总量挤进5000亿元方阵，位居第7位，"十一五"期间先后超过郑州、长春、石家庄、哈尔滨等城市，工业的快速发展起到了至关重要的作用，2012年，长沙实现地区生产总值6399.91亿元，在全国26个省会城市中排第7位，总量居前三位的是广州市13551.21亿元、成都市8138.94亿元、武汉市8003.82亿元。总量居长沙前一位的是沈阳市，比

❶ 叶强. 集聚与扩散——大型综合购物中心与城市空间结构演变. 长沙：湖南大学出版社. 2007.

长沙多206.89亿元。2012年，长沙地区生产总值比上年增长13.0%，高于全国平均水平5.2个百分点，高于全省平均水平1.7个百分点，居全国26个省会城市第7位。目前，长沙与武汉、成都等城市存在的差距，第三产业的相对滞后是重要的原因（图4-1）。

2005～2013年长沙三次产业结构变动趋势　　　　　　　　　　表4-2

年份	第一产业	第二产业	第三产业
2005	6.4	44.1	49.5
2006	5.5	46.1	48.4
2007	5.2	46.8	48.0
2008	5.2	50.7	44.1
2009	4.8	50.6	44.6
2010	4.4	53.6	42.0
2011	4.5	56.1	39.4
2012	4.3	56.1	39.6

资料来源：据长沙国民经济和社会发展统计公报整理。

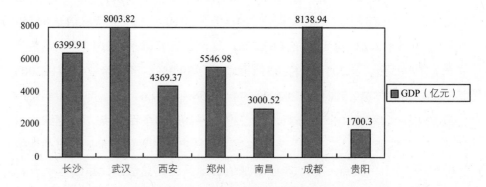

图4-1　2012年中部主要省会城市GDP比较

资料来源：作者根据2012年各城市国民经济和社会发展统计公报整理。

从2006年到2012年，是长沙经济发展最快的几年，社会消费品零售总额由2006年的865.61亿元增至2012年的2454.71亿元，比2006年增长83.6%，商贸业已成为最具活力的优势产业。在我国经济增长缓慢回落的大环境下，长沙消费品市场仍存在积极的亮点，汽车市场、展会经济、旅游经济成为保持整体经济健康发展的重要支撑。长沙社会消费品零售总额在全国26个省会城市中排第7位；增速居第13位。总量居前三位的依次是广州（5977.27亿元）、武汉（3432.43亿元）和成都（3317.67亿元）。经济总量居长沙之前的6个城市，社会消费品零售总额均大于长沙300亿元以上（图4-2、表4-3）。

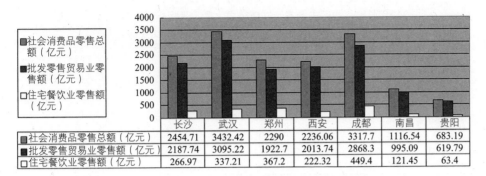

	长沙	武汉	郑州	西安	成都	南昌	贵阳
■社会消费品零售总额（亿元）	2454.71	3432.42	2290	2236.06	3317.7	1116.54	683.19
■批发零售贸易业零售额（亿元）	2187.74	3095.22	1922.7	2013.74	2868.3	995.09	619.79
□住宅餐饮业零售额（亿元）	266.97	337.21	367.2	222.32	449.4	121.45	63.4

图4-2 2012年中部主要省会城市社会消费品零售额情况比较

资料来源：作者根据2012年各城市国民经济和社会发展统计公报整理。

2012年中部主要省会城市社会消费品市场情况比较   表4-3

	长沙	武汉	郑州	西安	成都	南昌	贵阳
社会消费品零售总额（亿元）	2454.71	3432.42	2290	2236.06	3317.7	1116.54	683.19
批发零售贸易业所占比例（%）	89.1	90.2	84.0	90.1	86.5	89.1	90.7
住宿餐饮业零售额所占比例（%）	12.2	10.9	19.1	11.0	15.7	12.2	10.2
城市居民恩格尔系数（%）	35.8	40.0	34.7	34.6	35.4	34.1	39.7

资料来源：作者根据2012年各城市国民经济和社会发展统计公报整理。

从图4-2和表4-3中可以看出，在我国中部省会城市中，长沙的社会消费品零售总额虽然不是最高的，但其中批发零售贸易和餐饮零售额所占的比例则位于其他城市前列。城市恩格尔系数较低，根据联合国粮农组织提出的标准，恩格尔系数在59%以上为贫困，50%～59%为温饱，40%～50%为小康，30%～40%为富裕，低于30%为最富裕，说明长沙的城市经济发展较好，城市居民生活水平的状况已经进入较为富裕的阶段。消费的重心开始向穿、用等其他方面转移。

2012年，全年城镇居民人均可支配收入30288元，比上年增加3837元，增长14.5%。城镇居民人均消费性支出19460元，比上年增加1678元，增长9.4%，全年农村居民人均可支配收入15057元，比上年增加2339元，增长18.4%；农民人均纯收入15763元，增长17.6%，其中工资性收入8751元，增长29.0%。全年农民人均生活消费支出10155元，增长18.4%。从全国26个省会城市对比来看，主要指标排位基本持平。城镇居民人均可支配收入居第6位、农村居民人均纯收入居第3位（表4-4）。

2012年长沙与中部主要省会城镇居民生活水平指标对比表　　表4-4

	长沙	武汉	郑州	西安	成都	南昌	贵阳
人均国内生产总值（元）	89903	79080	63328	51086	57841	58715	39316
26个省会城市中排位	3	8	10	18	15	12	24
人均可支配收入（元）	28355	27061	24246	29982	27194	23602	21796
26个省会城市中排位	9	11	16	6	10	17	23
人均消费支出（元）	19460	18813	16779	18016	19053	16450	15718
26个省会城市中排位	9	11	17	13	10	18	20

资料来源：作者根据2012年各城市国民经济和社会发展统计公报整理。

　　从图4-2、表4-3、表 4-4中可以看出，虽然长沙的GDP、社会消费品零售总额都落后于武汉和成都，但反映城市居民生活质量与消费能力的恩格尔系数、人均可支配收入和人均消费支出都高于中部其他省会城市，人均GDP在2012年跃居全国省会城市第三，反映了长沙作为中西部重要的省会城市和区域性中心城市，为转型期城市商业空间结构的合理发展提供了良好的城市人文环境和经济基础。

　　2007年12月，国务院批准武汉城市圈和长株潭城市群为"两型社会"改革试验区，长株潭城市群空间结构、物流条件、生态环境等战略性项目，投资需求的增长仍将继续保持相对稳定。长沙市于2008年启动了大河西约1200km²作为两型社会建设与实践的先导区，城市空间与城市结构已经突破原有既定结构，大河西不仅是城市政治、文化的中心，也是城市经济发展的第二引擎❶。

　　2009年1月，长株潭城际轨道交通与长沙城市轨道交通建设规划一并正式获国家批准立项，同年武广高铁开通，为城市发展注入了新的动力。一方面长沙城市规模将迅速扩大，辐射、服务的半径将不断延长；另一方面由于轨道交通对城市空间延伸和对城市体系构建的导向作用，长沙内部的空间结构也将发生变化，对商业空间结构的影响尤为明显，从而带来新的发展机遇。另外通过高铁这个快速通道，长沙和珠三角、长三角、武汉城市圈等几个重要的经济区域的时空概念发生了变化，产业的承接转移、分工合作有了通达的渠道，城市的辐射效应也更强了。在不远的将来，作为都市圈中心城市的长沙与周边城市的分工将更为明确，功能结合也将更加合理，这对长沙来说，将是一个产业结构不断优化、城市功能不断提升的过程。

---

❶ 赵学彬. 基于空间均衡格局下的长沙市城市空间发展战略研究. 城市发展研究, 2010（11）：34-40.

4）城市空间结构与城市形态的演变

（1）城市空间结构分类

胡俊（1994）提出了中国现代城市空间结构基本模式与类型谱系。他指出：在西方现代资本主义城市，往往受城市地价调节，呈现出同心圈层的一般结构模式，而在中国现代社会主义城市，在特定社会制度、经济发展水平和城市建设政策的影响下，其空间结构的发展，已显示出以不同功能分区为基础的有计划配置的基本特征，即由各种不同的功能区——工业区、中心区、文教区、行政区、旅游区等不同的组合关系和方式，形成社会主义城市总体的空间格局形式。同时，他认为虽然中国城市空间结构也形成了一定的圈层分异特征，但其主要是由于发展先后的不同而引起的，这和西方城市空间结构由地价不断调节的同心圈层特征具有本质上的差异。根据对城市各类空间结构要素的布局区位特征的辨析，胡俊推导出以工业用地布局为主导、以各项用地有计划地配置为特色的我国现代社会主义城市空间结构的基本模式（图4-3）。城市空间结构的基本模式由三类要素构成：城市中心区、外围各种功能区（包括工业区、居住区和以文化教育区为典型代表的独立单位密集区）、周边卫星城镇。依据这些基本组成区的各自发展程度的不同及其空间相互配置关系的特点，大体上将中国现代城市空间结构分为集中块状、连片放射状、连片带状、双城、分散型城镇、一城多镇和带卫星城的大城市七种基本城市空间结构类型（图4-4）。

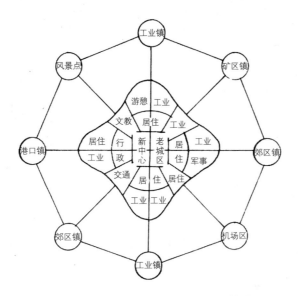

图4-3　中国现代城市空间结构基本模式

资料来源：胡俊，中国城市：模式与演进，中国建筑工业出版社，1995.

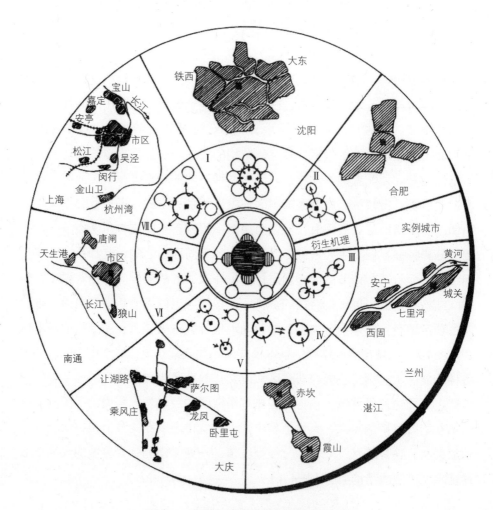

图4-4　中国现代城市空间结构基本类型

资料来源：胡俊.中国城市：模式与演进[M].北京：中国建筑工业出版社，1995.

　　根据胡俊对中国现代城市空间结构的分类看，集中块状城市空间结构类型的主要特点是我国现代城市空间中最为紧凑的一种类型，就形成特征而言，多是在平原地形条件下，城市新辟用地围绕着原有核心，向周围较为紧凑、均衡地不断扩展而形成和发展起来的。总体上看，中国现代城市的空间结构都有着以工业区的布局为导向，紧凑发展、逐层扩大的基本特征。连片放射状结构类型是我国现代城市另一种结构较为紧凑的类型。其形成机理与集中块状类城市大体相同，只是由于受到若干自然条件（河流、山丘、湖泊等）或特定交通方式（铁路、道路、河道等）的影响，在城市向各个方向的扩展上表现出特定的不均等性。连片带状类城市的形成主要有几种情形：①在河谷地带受狭长用地条件限制，同时往往还叠加有沿河谷带状分布的交通线（铁路、道路、河道等）的影响；②在滨海地带受带状海岸平原地形条件影响；③在平原地区受带状交通线影响，并往往具有其他一些特定条件的影响（如历史因素或规划思想等）。

从中国现代城市空间结构类型谱系和图4-5～图4-8中显示的长沙城市空间发展形态综合来看，长沙应基本属于集中块状城市空间结构类型。湘江将城市分为东西两个部分，东部为主城区，历来以商业、工业、居住和行政功能为主，西部主要为文化教育功能。由于岳麓山是西部城市空间扩展的天然障碍，特别是长株潭城市经济一体化的发展以及湘江生态经济带规划建设实施以来，长沙的城市空间主要向东、南方向，总体结构呈现出连片放射状、沿湘江带状组团型发展相结合的新趋势❶。

（2）城市空间结构及形态发展

从楚汉到明清时期，长沙的经济主要以纺织、药材、南货饮食、商品零售批发等为主，对外交通以湘江水运较为便利，自古就是全省的航运枢纽，通过湘江与武汉相连，长沙沿江一带一直是重要的通商口岸。因此，这种以湘江航运为主要对外联系和经济依托的长沙，其城市空间结构及形态主要表现为沿湘江呈带状发展。见图4-5～图4-8。

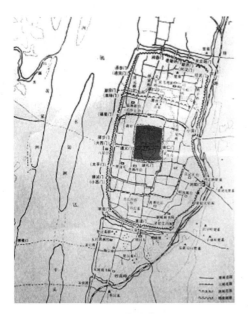 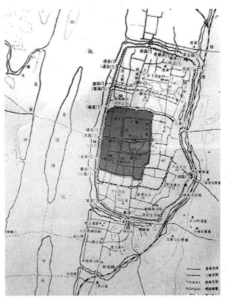

图4-5 楚城范围 　　　　　　　　　图4-6 汉城范围

---

❶ 叶强. 集聚与扩散——大型综合购物中心与城市空间结构演变[M]. 长沙：湖南大学出版社，2007.

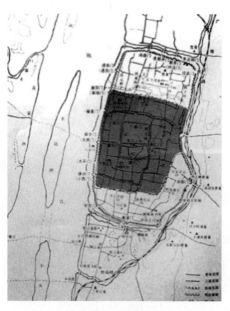

| 图4-7 唐城范围 | 图4-8 明清范围 |

资料来源：笔者根据长沙市平和堂商厦竹简博物馆考古资料整理。

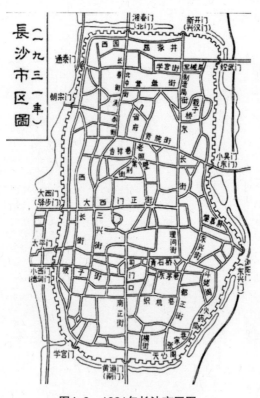

图4-9 1931年长沙市区图

长沙的现代工业兴起于20世纪初，但发展缓慢，经济上仍然以农业、手工业、商业为主，虽然铁路和公路的发展对长沙的经济起到了一定的推动作用，市区面积有所扩大，但城市中心区因湘江、古城墙和铁路的限制，空间结构及形态与明清时期没有很大的差异。见图4-9所示1931年前后的城市空间结构及形态。

如图4-10所示，1981年的主城区仍然被老铁路线和湘江限制在旧城区的空间里，虽然新京广线的外迁、长沙新火车站的修建，使整个城市结构向东扩展，但整个社会还处于"文革"后期的计划经济时代，基础设施的发展没有使城市的空间结构及形态产生很大的变化。

图 4-10　1981年长沙市区图

资料来源:《古城长沙》,湖南美术出版社,1983.3。

1990年版长沙城市总体规划确定的城市空间布局是以旧城为核心,与新建城区结合成一个主体,并向外围伸展东西两翼(即东翼马泉、西翼天望),发展两组团(南面的坪塘、北面的捞霞组团),组成规模不同、功能各异、各具特点的相对独立的群体,形成了"一主体、两翼、两组团"的城市空间结构形态。2001~2020年长沙市总体规划修编考虑到长株潭一体化的发展,城市空间布局及发展方向是"重点向南、向东拓展"。按照集中与分散相结合的思路,构筑一主(河东主城区)、二次(河西、星马)、四组团(捞霞、高星、暮云、含浦)的城市空间结构(图4-11)。

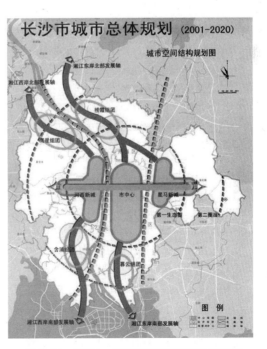

图4-11　2001~2020城市空间结构规划图

资料来源:长沙市城市总体规划。

（3）现有发展模式思考

①城市形态

2009年末，中心城区用地规模约350km^2，超过2003版城市总体规划对2020年用地规模预期。随着城市的发展，城市六走廊的发展模式已经不适应城市的发展，城市沿主要干道不断扩张，城市急剧蔓延，呈现出"摊大饼"的城市格局，城市的规模正在不断地扩大，这导致一些地区盲目地在城市郊区建立住宅，但是配套措施如交通、商务并不完善，使得许多住宅闲置。

②城市环境

城市规模不断扩张，规划范围内城市绿地逐渐被蚕食，城市绿地面积越来越小，城市环境日益恶化。

③城市交通

中心城区的主要道路和交通节点，交通压力不断增大，交通拥挤。中心城区交通拥堵的根本原因是交通供给量与交通需求量之间存在供给不足，集中表现为：城市道路基础设施建设量无法满足道路交通需求量的增长；城市路网结构不合理，老城区路网密度偏低，新城区路网建设过宽过密，路网疏密不均，城市快速路与支路网密度偏低；公交优先无法实施，公交线网布局有待合理规划。

④中心城的压力

城市集中发展、向心性强、中心城压力过大、人口集中、交通拥挤、地价上涨、住房紧张、基础设施老化，且向周边地区的衰减度大❶。

4.1.2 长沙商业空间结构的发展概况

1981年以前的长沙一直是以五一广场为商业中心，形成单核心的城市空间结构，主要商业功能集中在五一广场附近，企业用地、生产用地、居住用地和商业用地混合其中，呈现出典型的"生产型城市"特点。

长沙城市市场空间结构的演变主要从20世纪80年代中期开始，分为三个大的阶段：第一个阶段主要是从20世纪80年代中期（约1986年）到90年代末（约1998年）。1986年至1995年，中山路百货大楼，友谊华侨商场，阿波罗商场，东塘百货大楼和晓园百货大楼共同上演了一场在全国商界都颇具影响的"商战"，亦被称为"商业五虎闹长沙"。这次"商战"形成了五一广场、袁家岭、东塘三个大的商业中心区，与中山路、黄兴路商业街（老商业

---

❶ 辛飞. 长沙城市轨道交通对商业空间结构的影响研究[D]. 湖南大学, 2012.

街）、五一路、韶山路等主要城市商业带一起形成了良好的商业规模效应。但专业市场和商业活动带的发展还在城区内，业态类型为百货商店，经营方式为闭架销售方式，所有制形式均为国有企业。商业带主要为私人和集体所有制形式，采用开架经营销售方式。虽然从规模上与国有百货公司不能抗衡，但在经营品种、经营方式、营业时间方面有自己的特点，中山路、黄兴路、五一路和韶山路又正好是连接五一广场、袁家岭、东塘三个商业中心区的城市主干道。共同形成了城市中心区良好的商业市场空间结构。但在这一商业空间的发展阶段中，由于城市经济发展的限制，没有出现大型的综合零售业态。以"点"状和"线"状空间分布为特点（图4-12）。

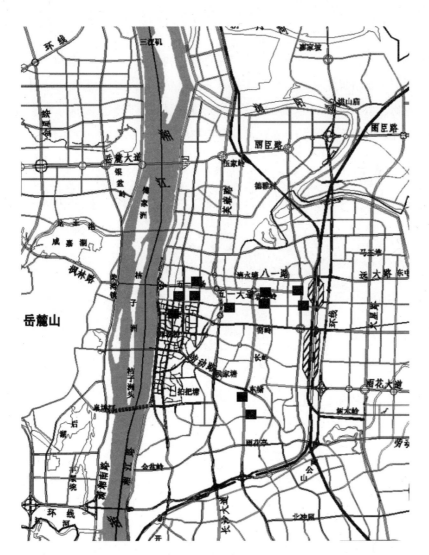

图4-12 1986～1995年期间长沙大型零售业态分布图

资料来源：根据实地调查资料整理。

　　第二个阶段从1996年开始，五一广场东南角进入了第一家大型商业合资企业平和堂商厦。它推出了长沙第一个真正意义上的大型综合购物中心形式，包含高档百货、开架售货超市、高档写字楼和第一个标准的地下车库。每天数百万的营业额，对长沙的商业市场空间结构带来了强烈的冲击。为应对挑战，长沙的商业企业首先进行了行业整合，原来相互竞争的阿波罗商场、湖南商厦、中山集团合并成友谊集团公司，形成了集约化经营模式，东塘百货则经过资本运营成为集酒店、房地产、商业百货等多种经营方式为一体的上市公司。加上我国即将加入WTO，长沙的城市零售业态结构也开始迅速发生变化，各种零售业态形式、各种所有制形式不断涌现，特别是沃尔玛、家乐福、麦德龙等世界级的大型零售企业进入长沙市场后，相继出现了大型的综合零售业态形式，如大型综合购物中心、商业步行街等，它们规模大、综合性强、辐射半径大，开始对商业空间本身的结构产生影响，也对所在的城市空间产生影响。与此同时，长沙城市化进程和城市经济发展加快，大型专业综合市场商业空间（如建材、家具和家居用品）也在城市边缘区域发展起来。形成了包含城市商业中心区、城市商业带和专业化商业区完整的商业空间格局（图4-13）。

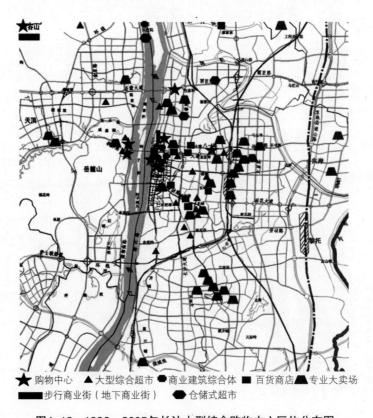

图4-13　1996～2005年长沙大型综合购物中心区位分布图

资料来源：长沙市商务局商业网点办公室及作者实地调查。

第三阶段是从2010年以后，长沙出现了大量的新商业空间，主要包括购物中心、商业街、专业大卖场和大型超市。其区位分布具有明显的郊区化特征，大型的开发项目主要集中在城市边缘、高新区等地，呈现出离心化的特征。对比发达国家经历的商业郊区化过程，可以说，这一轮发展是想将长沙商业空间格局引入郊区化时代。从规划数量的对比上可以明显发现，都市区新商业空间规划基本是平衡现有的商业资源，以大型超市为主，力求做到分布合理、功能多样、购物更便捷，且增长速度明显放缓。从规划的数量上、质量上、可行性上看，这一轮规划力度最大的是城南组团、星沙组团和湘江沿线，它们的开发模式多是以新城开发为主，环境优美，配套齐全，具有一定的超前性和品质，可行性较强，如果按照这样的规划进行建设，会带动城市商业空间继续向东向南发展（图4-14）。

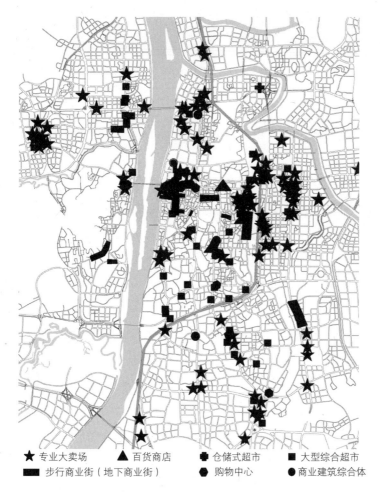

图4-14 2005～2010年长沙大型商业中心区位分布图

资料来源：长沙市商务局商业网点办公室及实地调查。

1）区划调整与各区地理空间的扩展

长沙城市中心区在1996年进行了一次城市区划调整，将原来的东、南、西、北、郊区调整为芙蓉、天心、雨花、开福、岳麓五个行政区，市区面积由原来的352km²扩大到556km²，撤销了郊区，实行城郊融合的新区划设置方式，城市空间格局发生了重大的变化（表4-5）。这次的区划调整为长沙各行政区提供了扩展所需的地理空间，每个区都在规划自己的区域商业中心以及商业空间的发展新方向。芙蓉区以五一广场、袁家岭、火车站商业中心区以及新的建材家居购物区域为重点向东发展；天心区没有自己的商业中心区，只有改造下河街和发展黄兴路商业步行街。在省政府办公空间南移后，正准备发展新的商业中心区；雨花区以东塘、侯家塘和新发展的雨化亭商圈为重点向南发展；开福区新发展了伍家岭商业和四方坪新商圈；岳麓区则开始打造荣湾镇商业中心。

长沙市行政区划调整前后的各区土地面积比较　　　　　　　　　表4-5

	单位	芙蓉区（东区）	天心区（南区）	岳麓区（西区）	开福区（北区）	雨花区（郊区）
区划调整前（1995年）	km²	8.0	35.3	18.53	14.15	318
区划调整后（1996年）	km²	40.8	102	145	188	114

资料来源：1996年、1997年长沙市年鉴。

2）城市内部区域竞争带来商业的发展

区划调整后，各区根据自己的基础和特点提出了商业中心发展的定位和目标，使城市内部商业空间的竞争性和区域性特点加强。因此，在商业业态竞争的同时还有内部区域竞争的背景推动了商业空间中核心业态的发展。在市级商业中心发展方面，由于五一广场商圈同属于芙蓉区、天心区和开福区的管理范围，因此，三个区都将商圈中自己管辖的部分作为重点发展目标，而且在同一个商圈内的不同区域鼓励投资发展大型综合购物中心，形成五一广场商圈特有的空间和业态发展特点。由此可见，各区的发展政策也成为推动商业空间及大型综合购物中心发展的重要因素。

4.2　商业业态结构的演变特征与规律

4.2.1　长沙商业业态结构的空间演变

1）业态演变历程

1904年，长沙被辟为对外国开放的商埠，外国资本大量涌入长沙，推动了长沙市商业的发展。开埠前，长沙城的老商贸区主要集中在德润门、驿步门、永丰街、万寿街、万福街、西长街、太平街、三泰街、坡子街一带，即老长沙"七里又三分"的老城区，商业业态主要为自发生长而成的沿街店铺或前店后坊等形式。开埠后，老长沙商业区范围向整个西城区延伸，形成规模庞大的西城洋行贸易区，逐渐形成新的城市商业中心，出现了传统的百货大楼和特色街区，如药王街、潮宗街、鱼市码头等，商业业态开始分化。进入20世纪20年代以后，由于城市人口的增长，商业规模的扩大，逐渐对老城范围进行拓改，拆除城墙，修建马路，商业业态打破传统的前店后坊的作坊式样，按西式商场布置，使长沙出现新的城市形象，逐渐形成以黄兴路为载体的长沙商业中心区，直至20世纪90年代，这里仍是长沙的商业中心。同时城区商贸设施、文化娱乐场所及街区范围也随之扩大。市区服务性行业也很多，茶馆、餐馆、理发馆、鸦片馆遍布全市，并一直延续至1949年长沙解放前夕。1949年至改革开放以前，长沙市逐渐由消费城市向生产城市转型，由于计划经济体制原因，城市商业极度萎缩，此时城市商业业态极为单调，主要为门市店、供销社和百货大楼等，商业空间发展迟缓。改革开放以后，长沙的商业空间才真正得以快速发展。1986~1995年，计划经济逐渐退化，市场经济逐渐兴起，商业空间开始迅速蓬勃发展，百货大楼成为城市商业空间的主要载体，一时间中山路百货大楼、友谊华侨商场、阿波罗商场、东塘百货大楼和晓园百货大楼迅速兴起，并成为长沙商业中心的象征。1996年以后，经济体制改革进一步深入，私营经济主体逐渐大规模介入商业领域，长沙第一家外资经营的商业大厦平和堂商业广场开始建设，并迅速强化了长沙以五一广场为核心的商业中心。传统的国有百货大厦逐渐转入公私合营方式，通过资本运作形成综合性商业经营模式。此时，本土各种类型超市逐渐兴起，如步步高、新一佳、旺和等社区超市逐渐占据各大居住社区中心。进入21世纪，随着我国加入WTO，长沙的城市商业业态结构也开始迅速发生变化，各种零售业态形式、各种所有制形式不断涌现，国际大型连锁超市如沃尔玛、家乐福、麦德龙等相继登陆长沙，并逐渐与新兴大型居住板块结合，形成新的社区商业中心分布格局。同时，中心城区各种商业中心纷纷转型或升级，形成综合型、多业态型、专业型和特色型商业中心；同时，随着长沙城市规模的扩展，城市外围大型居住社区的出现，各种建材、家具等专门化商业集聚空间相继出现。近年来，随着国外购物公园等形式逐渐引入国内，在城市入口门户区域，逐渐兴起购物公园等新商业空间（图4-15）❶。

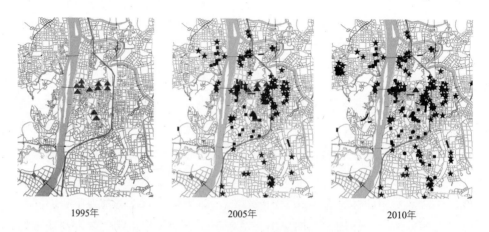

1995年　　　　　　　2005年　　　　　　　2010年

图4-15　1995～2010年长沙市商业空间集聚分布

资料来源：作者自绘。

2）业态形式

本书依据长沙市商业空间发展情况以及西方对商业中心的界定，认为长沙的商业中心应满足营业面积大于5000m²的条件。从表4-6中可以看出，长沙城市空间中的商业中心主要分为以下7种业态形式，即大型综合超市、购物中心、商业建筑综合体、百货商店、仓储式超市、专业大卖场和商业步行街。近年来，长沙的商业中心还呈现出传统零售业态与新零售业态、家居用品（如家具、家电等）与大型综合超市相互融合共生的组合型业态形式，这两种组合型业态形式共有10个，占到除专业大卖场外的36个商业中心数量的27%。成为长沙传统零售业态更新的主要形式之一。

2010年长沙市5000㎡以上大型商业网点汇总表　　　　表 4-6

类型	名称	地点	营业面积（m²）
商业街	清水塘文化艺术市场	清水塘路112号	11340
	鸿铭商业街	鸿铭中心	33000
	万家丽路汽车展示街	万家丽南路	50000
	车站南路娱乐休闲街	劳动路至人民路	14700
	湘春路商业街	体育馆路、湘春路	54000
	化龙池清吧一条街	化龙池	21000
	白沙路茶文化街	白沙路	42000

---

❶ 谭怡恬, 赵学彬, 谭立力. 商业业态分化与城市商业空间结构的变迁——来自长沙的实证研究[J]. 北京工商大学学报: 社会科学版, 2011 (3): 53-59.

续表

类型	名称	地点	营业面积（m²）
商业街	橙子498街区	韶山路498号	18400
	太平街历史文化街	太平街	24910
	药王商业街	药王街	21000
	晏家塘小商品一条街	晏家塘	21000
	麓山南路文化创意街	麓山南路	42000
	阜埠河路时尚艺术街	后湖	21000
专业大卖场	QQ电脑城	车站中路	5000
	华海3C	解放东路	7000
	赛博电脑城	解放东路	5000
	国际IT城	人民中路	5000
	长沙市出版物交易中心	苦竹路	60000
	长沙茶市	长沙大道与万家丽路交叉口	50000
	唐湘国际电器城	万家丽路与木莲冲交会处	80000
	天心家具城	书院路与南湖路交会处	6000
	中南肉食品批发市场	黑石铺	30000
	中南工艺精品城	芙蓉南路	30000
	家电铝塑批发市场	南湖路	30000
	毛家桥大市场	四方坪	30000
	金盛建材市场	岳麓大道	17000
	涧塘建材市场	玉兰路	150000
	望城坡摩托车市场	长宁路与环线交叉口西北角	30000
购物中心	阿波罗商业广场	八一路	50000
	百盛商业广场	芙蓉广场	5000
	百联东方百货商场	黄兴北路	30000
	王府井百货大楼	黄兴中路27号	60000
	维多利亚百货	伍家岭	10000
	友谊商城	韶山路与劳动路交叉口	25000
	嘉信茂广场	雨花亭	25000
	万达购物中心	解放路	14000
	通程商业广场	荣湾镇	45000
百货	友谊阿波罗	袁家岭	50000
	通程金色家族	东塘	20000
	家润多百货	人民路与车站路交叉口	16000
大中型超市	新一佳(井湾子店)	井湾路	6000
	新一佳生鲜超市(书院南路)	书院南路156号	5000
	新一佳生鲜超市(银盆南路)	银盆南路	5000

类型	名称	地点	营业面积（m²）
大中型超市	新一佳（星沙店）	开元东路	5000
	步步高（林大店）	橙子街区南栋158号	8000
	步步高（星沙店）	板仓路123	5000
	步步高超市（红星店）	红星商业广场	8000
	步步高新开铺店	新开铺路口	6000
	恒生超市	桐梓坡路	6000
	易初莲花超市星沙店	开元路45号	30000
	精彩生活超市	晚报大道	5000
	沃尔玛高桥店	万家丽中路一段362	20000
	大润发人民东路店	人民东路	8000
	大润发韶山南路店	韶山南路	6000
	通程万惠城南路店	城南路	5000
	通程万惠迎宾路店	迎宾路	5000
	联华超市	韶山南路	5000
	人人乐	桐梓坡路	5000
商业综合体	五一新干线大厦	五一西路717号	10000
	天虹百货	芙蓉南路一段	31000
	上河国际商城	万家丽路与朝晖路交会处	200000
	平和堂东塘店	东塘	20000
	202五一大道	五一路	9000
	大成国际	五一路	5000
	中天广场	五一路	8000
	嘉顿新天地	五一路	5000
	景江东方	五一路	6000
	新世界（湖南供销大厦）	五一路	40000
	天健芙蓉盛世	芙蓉北路	22000
	运达广场	芙蓉中路与营盘路交会处	6000

资料来源：曹诗怡.城市居住与商业空间结构演变相关性研究[D].湖南大学，2012.

（1）传统百货商店

经过1985～1998年第一阶段的发展到衰落，长沙的百货商店在零售业中所占份额越来越少。从2000年友阿集团成立，将原有资源进行整合，开始发展新零售业态形式。同时，利用百货商店的区位和品牌优势，又将经营定位在高档商品和主题消费上，这样就充分发挥了百货商店的长处，使百货商店又重新成为一种重要的大型综合零售业态形式。目前，友阿集团每年的零售销售额中，虽然新零售业态的发展速度远远大于百货商店，但百货商店仍然占到当年商品销售总额的56%，是友阿集团年收入的主要来源，见表4-7。目前长沙传统的百货商店只有5家，只占到除专业大卖场外的36个大型综合购物中心数量的14%，主要分布在五一广场、袁家岭和东塘商圈内。

2003年友阿集团商品零售收入表（部分）单位：万元 　　　　表4-7

	本期	所占比例%	比去年同期增长%
公司商品零售额合计	18822	100	39
其中：百货商店小计	10545	56	30
超市小计	8272	44	53

资料来源：作者根据友阿集团有关部门访谈及现场调查资料整理。

百货商店中引入大型综合超市是长沙市传统零售业态结构演变中出现的一种较为成功的形式。1998年底，位于五一广场的平和堂商厦开业时引入了长沙第一个大型超市，1998年之前，湖南还没有超市这个零售业态形式。老百姓购买商品都是隔着柜台，买鱼买肉买水果都是在街头或菜市场与商贩们讨价还价。因此平和堂商贸大厦附一楼现代超市的出现，一度成为平和堂整个业绩、利润及人气的主要支撑，在当时引起了很大的轰动。同时还为商场带来了巨大的商业人流效应。百货商店与超市商品定位的不同覆盖了更加广泛的消费层面，为长沙市的大型综合购物中心提供了一个新的业态组合方式。据统计，拥有6万m²营业面积的平和堂商厦开店第一天的顾客人数达到25万，开店8天共有103万人光顾，销售额突破2000万元人民币。

到2004年底，在长沙新开设的16个大型百货类购物中心（不包括单一的大型综合超市），以百货商店与大型综合超市组合业态形式为主的有9个，占56%。而且其他7个没有大型综合超市的百货类购物中心，经营效益都不好，尽管也都处于五一广场、东塘商圈内，已经有2个倒闭、2个经营效益非常差，另外3个则改成以运动、儿童等主题型百货商店。可见百货商店中引入大型综合超市是百货商店适应新时期消费需求的业态转变形式之一。

（2）购物中心

长沙的购物中心呈现大型化和综合化的趋势，单体建筑面积均在5万m²以上，其中平和堂商厦和深圳铜锣湾SHOPPING MALL的单体建筑面积超过10万m²，其中零售商业部分均超过5万m²。购物中心的零售商业部分除了以百货店和大型综合超市为主要业态构成外，还包含娱乐、健身和餐饮功能。特别是购物中心内的餐饮十分火爆。平和堂商厦是第一个在商场内部设置高档餐饮功能的购物中心，取得了非常好的业绩。随后所有新建的大型商业中心均把餐饮功能作为必备的项目之一，老的购物中心也纷纷在商场内引进餐饮功能。目前，长沙所有新建的购物中心中都有餐饮功能，同时还有麦当劳和肯德基快餐店。

从前文图4-13和图4-14中可以看出，长沙的大型商业中心主要分布在城市中心区的五一路沿线，特别是集中在五一路商圈内，还没有出现郊区型大型商业中心。主要的原因是长沙的城市空间和道路结构特点。自1977年长沙火车站的建设以来，经过多次建设和改造，五一路成为横贯长沙城市东西的一条宽敞的城市主干道，城区内的公交线路几乎都经过或与五一路相连接，并且与五一路直接相连湘江一桥，是连接湘江东西部最便捷的交通设施。五一路对于大型商业中心购物人流和车流来说可达性最好。因此，五一路自然成为零售业态空间区位的首选位置。

（3）大型综合超市

从1998年产生第一个大型综合超市以来，到2004年底为止，长沙5000m²以上的区域型和社区型大型综合超市已经发展到15个，总面积约20.97万m²；购物中心和商业建筑综合体中的6个大型综合超市，总面积也有约6万m²，人均拥有面积为0.13m²，作为比较，南京2002年5000m²以上的大型综合超市总营业面积为45.9万m²[1]，人均拥有面积为0.12m²，武汉市3000m²以上的大型综合超市总营业面积为56万m²[2]，人均拥有面积为0.07m²，可见长沙的大型综合超市的发展规模和速度。

大型综合超市是长沙大型综合购物中心中发展最快的零售业态形式，也是国内外大型零售企业竞争采用的主要业态形式。目前，在城市中心区人口只有202万人的长沙，进入零售市场的国际大型零售企业4个（沃尔玛、家乐福、麦德龙、普尔斯玛特）、市外的大型零售企业5个〔好又多（台湾）、新一佳、联华、步步高、兴万家〕，共计开设5000m²以上的大型综合超市13个，本地的单个门店经营面积5000m²大型综合超市也从2000年起迅速发展到9个。四年前，深圳新一佳在长沙侯家塘开出了在湖南的第一家店。这个面积仅1万多平方米的超市竟然是新一佳全国53家连锁店中销售额和效益最好的，即使是在沃尔玛和家乐福进入长沙后，该店的单位面积营业额在长沙仍罕有匹敌。其后，又马不停蹄地开出了3家分店，其中河西通程店业绩在新一佳的全国连锁店中排名第二。目前，新一佳在长沙拥有的大卖场门店数居

---

[1] 管驰明，中国城市新商业空间研究，南京：南京大学，2004.6，P54.
[2] 2003～2010年武汉市商业网点规划。

所有品牌超市公司之首。在新一佳全国的网络中，湖南市场的重要性仅次于深圳总部。

虽然长沙本地的友阿集团在竞争中迅速发展大型综合超市这种新的业态形式，借助天时、地利和人和优势以及友阿集团在长沙市场建立起来的品牌优势，其属下的家润多大型综合超市在竞争中取得了较好的业绩，5000m²以上的门店已经发展到5个，月总销售额远远高于长沙几家外来的大型综合超市。

（4）大型仓储超市

目前，长沙只有两家大型仓储式超市，即麦德龙和普尔斯玛特。这两家企业都选址在长沙商业不太发达的北部开福区，虽然它们的发展定位意图让所有长沙人费解，但实际上，这是它们的业态特点决定的整体战略。大型仓储式超市的选址一般在城乡结合部或交通要道，追求廉价的土地租金以降低成本，可以设置较大的停车场。麦德龙的位置在长沙的二环线国道边，与长常高速（长沙—常德）和长永（长沙—浏阳）高速相连，与京珠高速相距只有6～7公里，开福区的土地成本在长沙最低，可见麦德龙的选址是经过深思熟虑的。麦德龙在南京、无锡的选址都靠近城市快速干道和重要交通节点，通过对南京麦德龙的顾客调查表明，其辐射范围西到芜湖，北到合肥、马鞍山，东到镇江、仪征，南到高淳、溧水，节假日外地消费占28%，已经成为一个区域性的购买日用品场所[1]。近期与麦德龙在其他地区的规模相比，长沙的麦德龙不算太成功。但随着长株潭一体化建设加快和小汽车普及率提高，也可以辐射到长沙周边的城市，远期的发展不可低估。普尔斯玛特则选在靠近城市中心区的芙蓉路边上，由于存在选址、严格的会员制经营方式和内部经营等问题，已于2003年关闭。

（5）大型商业建筑综合体

商业建筑综合体是城市中心区地租效应在商业地产开发方面的体现。商业建筑综合体一般为高层建筑，地下层为停车场、大型超市，裙楼为零售商业，上部为商业居住、商业办公或酒店三种形式，位置均在城市核心商圈内。建筑综合体中的商业零售部分为办公和居住者提供了方便，使办公人员和住户节省了时间，提高了办事效率和生活便利性；而办公人员和住户的经常性消费又可为零售增加赢利。长沙开发最成功的是平和堂商厦，总建筑面积11.5万m²，其中零售商业面积5万m²左右。地下两层停车场和一层大型综合超市，裙楼一到四层为百货商店，五楼为健身、娱乐和餐饮服务，高层部分

[1] 管驰明.中国城市新商业空间研究，南京：南京大学，2004.6.

有出租商务办公功能，是长沙最高档的购物场所，也是长沙其他商业建筑综合体模仿的对象。此外，位于河西的通程商业广场从经营方式、业态构成、总体规划、建筑设计及室内空间设计和装修都与平和堂商厦的裙楼部分相似，只是没有高层部分。其他商业建筑综合体的区位选择和建筑形式与平和堂商厦类似，而商业部分的经营方式、业态构成等方面有所区别，但零售商业部分经营业绩却与平和堂商厦形成天壤之别。其中同样位于五一广场商圈核心的东汉名店购物中心于2002年倒闭，新大新时代广场正将原来的综合百货改为以运动为主题的百货形式，友谊名店也在改为以儿童为主题的百货形式。可见，在核心商圈的商业建筑综合体中也并非一定就有好的经营效益。

（6）专业大卖场

专业大卖场由于销售的商品并不是居民每天的生活用品，顾客的购买频率较低，服务范围也较大。长沙的专业大卖场主要分为8种不同类型（表4-8），其中装饰建材与家居用品两类大卖场的比例占到了37.6%，这与长沙近期固定资产投资比例大幅提高以及住宅与家庭装饰产业迅速发展有密切联系。自2004年3月第一家国美家电连锁店进入长沙市场以来，仅一年的时间，长沙本地与外来的大型家电卖场已经发展到12家，其中国内著名的国美在长沙开店6家、苏宁开店2家。有资料显示，长沙的家电卖场密度是武汉的3倍。家电大卖场这种新业态形式发展速度远远超过其他专业大卖场类型。

专业大卖场中各种类型卖场的比例   表4-8

	建筑装饰材料	家具及家居用品	家电用品	汽车及汽车配件	电脑及数码用品	日用品	农副产品	其他	总计
数量（个）	15	7	12	4	5	7	3	11	64
面积（万m²）	84.68	21.38	9.78	18.11	6.5	52.37	39.3	48.81	280.93
所占比例%	30	7.6	3.5	6.4	2.3	18.6	14	17.6	100

资料来源：叶强. 集聚与扩散——大型综合购物中心与城市空间的演变[M]. 长沙：湖南大学出版社，2007.

（7）商业步行街

黄兴路商业街的改造建设分为黄兴南路和黄兴北路两部分，黄兴南路由上市公司三木集团全面开发建设成步行商业街，黄兴北路则由上市公司深天健投资建设成商业街。于2001年8月开工，2002年10月1日正式开张的黄兴南路商业步行街是在长沙市政府没有投入一分钱的情况下建成的。由于黄兴南路东厢基本不需改造，所以三木集团承包开发的是黄兴南路西厢工程（包括黄兴南路东西厢共用的地面建设），工程路段全长830m，宽20～23m，总建筑面积约11万 m^2 。它的整体规划是建成集购物、休闲、娱乐、旅游、餐饮于一体的，传统与现代相结合的商业街。三木集团基本盈利模式是黄兴南路西厢50年的经营权，盖好商铺然后出售或出租。黄兴南路步行商业街现在已经成了三木集团的主要利润来源。而与深天健投资的黄兴北路商业街项目相比，虽然两条街同处长沙心脏地带，同属长沙市重点建设工程，改造建设范围只有大约30亩地，200多米的区间，由于拆迁时间表一再推迟，2001年9月就宣称项目周期约为两年的黄兴北路商业街项目，整个前期工程包括征地、设计等已经投入2亿多元，但直到现在基本上没有给深天健带来任何收益。

黄兴南路商业步行街的建设还带动了周边商业空间的发展。2004年7月，坡子街商业街项目工程建设正式启动，是一条集餐饮、购物、休闲、娱乐等为一体的商业街。坡子街西接沿江风光带；东起黄兴南路步行街；南临人民西路；北靠解放西路，交通极其便利。坡子街的建成，将把在地理位置上呈直角构成的黄兴路步行街、解放西路连接成一个可循环流动的商业区域，形成长沙超大的复合商业区域，与湘江风光带、贾谊故居、李富春故居一起，成为历史风貌区的一个有机体，有利于发展旅游。坡子街投资开发总额达5个亿。建成后的坡子街全长425m，宽16m，双向行车道。街区建筑为明清仿古风格，占地面积84亩，总建筑面积14万 m^2 ，商业面积约8万 m^2 。

以上七种形式的商业业态构成了长沙城市商业空间的核心，它的形成和区位选择适应了长沙城市社会经济发展和城市空间结构的变迁，同时它自身的演变也会对城市空间结构和社会经济产生相应的影响。

4.2.2 长沙商业业态空间分布及其特征

1) 商业业态空间布局现状

长沙市当前的商业空间结构仍然呈现出典型的单中心结构，但已经逐渐呈现出分化的趋向，"一主两次"的结构逐渐显现。"一主"是以河东五一路芙蓉路为城市商业中心（CBD），集聚了大量商场、购物中心和商务中心等功能。"两次"分别为河西和星沙两大副中心。由于湘江的阻隔，以及湘江两岸的人口分布差异性较大，河西副中心长期以来难以形成气候；星沙由于受到行政区划的影响，长期以来脱离中心城区，其发展与中心城区出现脱节现象。相比之下，中心城区的商业中心呈现内部分化的格局，依托韶山路和芙蓉路逐渐向南北转移，依次形成东塘、侯家塘、黄土岭、中信新城、伍家岭等商业中心，使中心城区的商业功能与商务功能逐渐剥离，并形成不同等级的商业中心。与此同时，中心城区人口逐渐疏解，城市外围大型居住空间逐渐兴起，依托万家丽路、金星路、芙蓉北路、人民东路等城市主干道形成新的居住社区中心，导致社区商业逐渐由中心城区向外围新兴社区转移，形成如体育新城板块、湘江世纪城板块、月湖公园板块、人民东路板块、金星路板块等大型居住社区，导致各种专营店（建材、家具、电器等）以及大型超市纷纷进驻，形成新的社区商业中心，打破传统的社区商业空间结构。

不同商业业态在城市空间中的集聚呈现出典型的差异性，且这种差异化特征具有典型的强化趋势。笔者对长沙市不同业态类型商业的空间分布进行比较，主要选择购物中心、超市、大型超市、专营店（专卖店）、批发市场、特色街区、购物公园等商业类型进行比较，其空间分布图如图4-16所示。

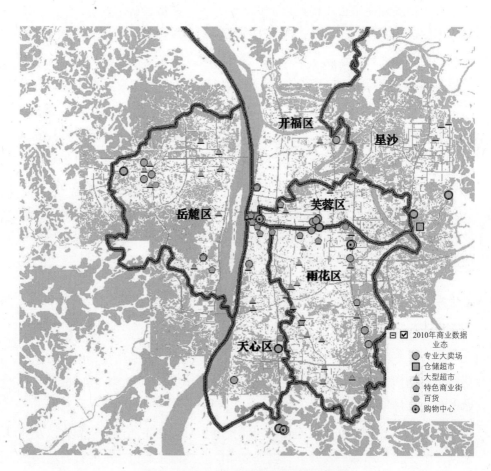

图4-16 2010年长沙市商业业态分布图

资料来源：作者自绘。

2）不同业态类型的商业空间分布主要特征

（1）从长沙市商业中心现状等级及其分布来看，目前长沙市商业中心业态分化已经明显，但商业空间结构分化趋势尚不明显，较为突出的是城市商业中心仍然过于集中在中心城区，导致中心城区商业相互竞争尤为激烈，且造成严重的交通拥堵问题。

（2）从不同业态类型的商业空间分布来看，业态分化已经在城市空间布局上逐渐体现，具体表现为新的商业空间逐渐向城市外围扩展，中心城区的商业业态逐渐升级换代，并出现新的商业模式。

（3）从具体商业业态的分布来看，不同商业业态功能尚未与城市功能实现很好的结合。如大型超市和生活超市等仍然过于集中在中心城区，并未随着城市居住的空间分化而呈现出分化的特征；各种商业业态的集聚仍然过于依托交通优势，如主要干道附近集聚了城市80%以上的大型商业空间。

（4）当商业集聚达到一定程度时，商业与其他城市空间要素以及商业业态之间的渗透现象也开始出现。它催生了城市综合体以及新商业业态形式的诞生，也引导中心区商业结构不断地趋于平衡。

（5）城市规模的急剧扩张产生新的消费需求，多级商业体系的形成已成为必然趋势。

4.3 商业空间结构与城市功能要素的互动规律

4.3.1 大型商业中心与商业空间结构的互动规律

1）主要商业空间节点过度密集导致商圈重叠

公共设施是构成商业街和商业区的基本单位，商业街是商业区也是公共设施在城市地域上的集合。任何一个公共设施所服务的人口都必须达到一定的数量才能维持其经营，这个数量就是商业设施的门槛人口值。同时，任何一个商业设施的门槛人口也不能超过一定的限度，这个数值就是该设施的饱和人口值。如果将门槛人口的分布圈域、饱和人口的分布圈域和顾客分布的最大圈域分别称为成立圈、饱和圈和吸引圈的话，在交通可达性均等的情况下，成立圈、饱和圈和吸引圈与人口密度之间的关系如图4-17所示。当成立圈大于吸引圈时，设施亏损，而难以为继，或者可通过缩小规模等方式来缩小成立圈；当成立圈与吸引圈接近重合时，设施刚好可以维持成本与收益平衡；当饱和圈大于吸引圈而成立圈小于吸引圈时，收益大于成本，可以获得利润；当饱和圈与吸引圈接近重合时可以获得最大利润，设施利用效率最高；当饱和圈小于吸引圈时，设施出现供不应求的情况，因为超负荷运转效率反而下降，这时该设施可能通过扩大规模和增加经营内容等方式扩大其饱和圈❶。当同类设施群体的空间组合在一起时，它们与居民分布密度的关系与单个设施的发展情况相类似。

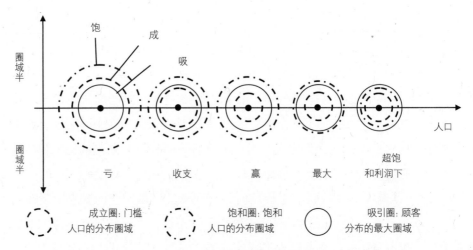

图4-17　单个商业设施成立圈、饱和圈、吸引圈与人口密度之间的关系

资料来源：吴明伟.城市中心区规划，东南大学出版社，1999.8.

在居民分布密度高的地区，各中心商业设施的数量也会相应增加，这样就造成设施吸引圈重叠，当重叠达到一定程度时，邻近的中心就会相互影响。当两个商业设施的规模相差较大是，就会出现两种情况：一是规模大的商业设施形成的吸引圈将使小商业设施的饱和圈扩大，超过它本身所产生的饱和圈，使小规模的商业设施出现亏损；二是规模大的商业设施形成的吸引圈远远大于小商业设施的饱和圈，使小规模商业设施出现超饱和状态而出现利润下降（图4-18）。因此，在城市中心区我们应该避免商圈的重叠和覆盖，使每个商业设施都能够发挥最大的经济和社会效益。

从表4-9可以看出：五一路沿线的3个商圈集中了长沙市6个主要商圈中的4个，其中还包括市一级的商业中心——五一广场商圈。3个商圈集中了长沙市大型综合超市数量的17.4%及全部的购物中心、商业建筑综合体和商业群体建筑。五一路从溁湾镇到火车站总长约6km，可见商圈和大型综合购物中心的密集程度。同类型和同规模的大型综合购物中心在较小的城市空间内过度集中将不能产生集聚的经济效应，可引起城市空间节点过度商业竞争，影响城市商业空间的健康发展。因此，五一广场商圈发展起来后，2000年以前还十分繁荣的袁家岭、火车站商圈的发展就一直停滞不前。

---

❶　吴明伟，城市中心区规划，东南大学出版社，1999. 8.

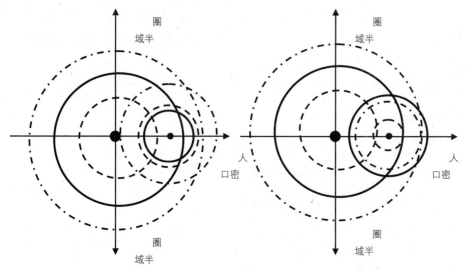

规模大的商业设施形成的吸引圈使小商业设施的饱和圈扩大，超过它本身所产生的饱和圈，使小规模的商业设施出现亏损。

规模大的商业设施形成的吸引圈远远大于小商业设施的饱和圈，使小规模商业设施出现超饱和状态而出现利润下降。

图4-18　商圈相互影响示意图

资料来源：作者根据图4-17整理。

在长沙商业网点中五一路沿线的大型综合购物中心所占比　　　表4-9

		长沙大型商业网点总面积和数量	五一路沿线大型综合购物中心的总面积和数量	所占百分比（%）	备注
总面积（万㎡）		712.74	106.61	14.9	
大型综合超市	数量（个）	46	8	17.4	其中有6个大型综合超市设在购物中心内
	面积（万㎡）	40.47	1.65	4.1	
购物中心	数量（个）	7	5	71.4	
	面积（万㎡）	41.84	25.84	61.8	
商业建筑综合体	数量（个）	14	14	100.0	
	面积（万㎡）	81.1	·51.3	63.3	
百货商店	数量（个）	8	1	12.5	
	面积（万㎡）	13.8	4.6	33.3	
仓储式超市	数量（个）	1	—	—	
	面积（万㎡）	4.7	—	—	
专业大卖场	数量（个）	89	9	10.1	
	面积（万㎡）	396.53	9.52	2.4	
商业建筑群体	数量（个）	17	2	11.8	
	面积（万㎡）	134.3	13.7	10.2	

资料来源：实地调查统计数据整理而成。

　　根据《长沙市整体规划（2002～2020）》，长沙商务中心区（CBD）的范围以芙蓉广场为核心，东至韶山路、西至蔡锷路、南起人民路、北至营盘路之间约4平方公里的区域（图4-19），但从商业空间节点与商务中心区的关系来看，长沙的城市中心区基本上是商业与办公混杂的传统型CBD形式，空间结构呈带状，而且零售商业部分占有较大的比例，只是CBD的一种初级形态，这种密集的商业空间节点对未来CBD空间的发展将起限制作用。

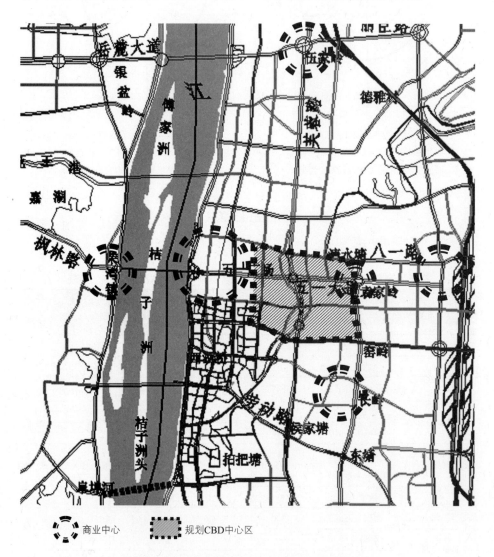

商业中心　　　　　规划CBD中心区

图4-19　长沙规划CBD中心与商业中心空间区位

资料来源：根据《长沙市整体规划（2002～2020）》及实地调查资料整理。

　　2）空间节点之间的梯度层次不明确影响了商业中心的发展

　　五一广场商圈是长沙城市空间中唯一的市一级的商业中心，如果以五一广场商圈为中心的话，向四周扩散应该是级别逐步降低的各级商业中心，商圈之间距离过近则会出现类似于引力"场"的空间效应，越靠近五一广场商圈的商业空间节点，零售业态类型与五一广场商圈中越相似的就越难以生存，因此，荣湾镇和袁家岭商圈从业态规模及类型组成来看更像社区级的商业中心，而不是一个区域一级的商业中心，将使城市空间中土地经济效益出现较大的梯度衰减现象，并会影响了城市商业中心区的发展。因此，自从1995年五一广场成立商业特区以来，大型综合购物中心不断集聚，而原来作为主要商业中心的袁家岭商圈业态结构、类型和规模的发展都受到很大的制约。

3）主要商业空间区位与城市空间结构之间不协调

从长沙大型综合购物中心功能类型的主要集聚区域来看，便利性日常用品、高档多功能消费用品和选购性商品消费空间主要分布在芙蓉区以五一路为轴线的带状空间内，呈东西方向发展趋势（表4-10），与长沙城市沿湘江带状向南北方向发展的空间结构呈十字交叉形态。东西方向密集分布的商业空间必然带来东西方向的人流、物流和车流（图4-20），长沙的城市中心区空间由于岳麓山、湘江和铁路的限制，东西方向的进深比较小（从湘江东岸到长沙火车站约4.2公里），而且五一路沿线的芙蓉区也是人口密度、房地产开发量最大的区域，湘江一桥和五一路是连接湘江东西部的唯一最便捷的通道，这样就出现了城市空间中部高密度的带状空间将城市分为南北两个部分，这种结构形式不利于城市空间结构均衡发展，会引起其他功能要素之间不协调的现象，特别是城市南北方向空间的通畅性失调问题。

长沙市大型综合购物中心功能类型及主要分布区域　　表4-10

分布类型	对应业态 对应商业业态类型	分布区域（业态数量，单位：个）				
		芙蓉区	雨花区	天心区	岳麓区	开福区
便利性和日常用品消费空间	大型综合超市	5	3	3	2	2
	仓储式超市	—	—	—	—	2
选购性商品消费空间	专业大卖场	20	12	10	8	14
高档多功能消费空间	购物中心	1	—	2	2	—
	商业建筑综合体	4	—	1		
	百货商店	3	3	2	—	1
	商业步行街	—	—	1		1

资料来源：根据资料整理。

图4-20 长沙市主要人流、物流通道分布

资料来源：根据长沙市城市商业网点布局规划方案资料整理。

4.3.2 商业用地的演变特征与规律

城市用地是城市形成的基础，城市土地利用是城市经济与社会活动在地面上的投影，城市土地利用变化集中体现了城市的演变和发展❶。在认知城市土地利用发展的进程中，用地的分布和面积成为城市土地的两个重要属性，其空间聚集和规模变化的程度在一定程度上反映城市空间结构的变化特征。

1）长沙商业用地空间聚集程度的演变

1995年以前，长沙五一广场商业中心区初步形成，还没有出现大型的综合零售业态，商业空间呈"点"状和"线"状分布。2000年，长沙40.25%商业用地沿五一路为主轴布置，以五一广场、芙蓉广场、袁家岭、火车站作为

❶ 赵贺.转轨时期的中国城市土地利用机制研究[D].上海：复旦大学，2003：11.

聚集节点，沿黄兴路、芙蓉路、韶山路、车站路南北向延伸，拓展北至营盘路南到人民路，高聚集度的商业用地呈"面"状分布，在中央商务区的范围内形成城市商业的中心（图4-21）。至2009年，中央商务区商业用地占总量的比重为19.17%，较2000年下降了21.08%，其聚集程度保持稳定。东塘片区和新河片区的商业用地在原有聚集基础上沿韶山路和芙蓉路、和车站北路分别向南北发展。东塘片区的主要扩散出现在芙蓉路和韶山路沿线，在劳动路和韶山路交汇处呈面状发展，用地比重由12.57%增至14.34%。新河片沿芙蓉路向北扩展至伍家岭；并在四方坪跳跃式发展，形成另一式商业用地聚集点。植物园片和省府片沿韶山南路出现商业聚集区，依托红星大市场、红星国际会展中心、红星商业中心、红星建材市场、红星家具广场和花卉市场等专业大卖场发展，商业用地占总量的12.58%，增幅8.48%。马王堆片区、高桥片区及隆平高科片区分别在车站北路东侧、东二环东侧和绕城高速西侧形成商业聚集区，商业用地数量分别增幅4.43%、2.51%和3.92%（图4-22）。

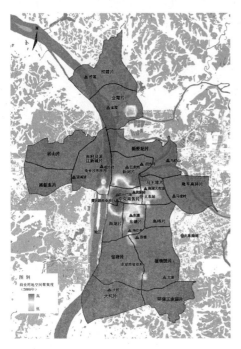 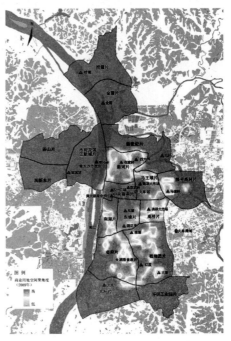

图4-21 2000年长沙商业用地聚集程度图　图4-22 2009年长沙商业用地聚集程度图

资料来源：作者运用GIS方法自绘

2）商业用地规模变化程度的演变

中央商务片、马王堆片、东塘片和部分新河片、南湖片形成商业用地规模的面状聚集，并具有明显的规模聚集界限（图4-23）。2009年，在中央商务区周边形成与其规模等级相当的商业用地，如伍家岭、四方坪、东塘和雨花亭。在长沙郊区及边缘区形成脱离于中央商务片的大规模商业用地，如植物园片的红星、隆平高科片的马坡岭、市府及滨江新城的观沙岭、新世纪片的马栏山、捞霞和大托等，其中规模等级较明显是植物园片和谷山片（图4-24），其商业用地面积占总量的8.08%和7.07%。

城市商业空间新结构模式

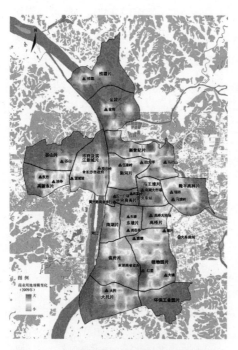 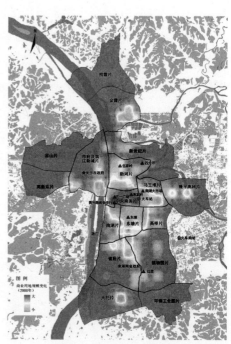

图4-23　2000年长沙商业用地规模变化图　　图4-24　2000年长沙商业用地规模变化图

资料来源：作者运用GIS方法自绘

3）商业用地的演变特征

2000年，中央商务片区迅速成为城市的商业中心，商业用地在空间和规模上均呈向心式发展，但并没有引起商业空间中各功能要素分布格局的变化，其周边地区鲜有商业用地的集聚和大规模的商业开发。至2009年，随着城市化进程的加快和人口集聚，单一市级商业中心已不能满足消费市场的总量需求和结构性需求，中央商务片区已处于饱和状态，正在向内部整合和结构的更新阶段迈进。长沙通过芙蓉路、韶山路、人民路、劳动路等交通干道的链接，在中央商务片周边形成伍家岭、东塘、高桥商业区，与中央商务片形成更大范围的商业集聚。日益激烈的商业竞争迫使企业要在竞争中继续生存，除了改善购物环境、提高经营水平外，还必须扩大经营规模，此时大型专业卖场和仓储超市的业态形式应运而生。在城市的南、东方向，黎托、大托、四方坪、红星、马坡岭等城市郊区及边缘区均以专业大卖场为依托形成初步的空间和规模的集聚，并在整个城市的商业结构中扮演重要角色。

4.3.3 人口与商业空间结构的互动

1）2000～2010年长沙市人口分布演变

（1）人口数量及人口密度的动态分析

由于人口变动是渐进式的，我们没有必要逐年考察。根据长沙市统计年鉴中的人口数据，选取了2000年、2005年、2010年的人口数据反映近10年人口变动情况，整理如下，见表4-11、图4-25～图4-30。

从表4-10可以看到，2000至2010年，长沙中心城区总人数由212.3万人增加到309.2万人。2010年市区的平均人口密度为3261人/平方公里，其中以芙蓉区最高，达到12358人/平方公里，是市区平均人口密度的4倍。2008年进行了长沙市大河西先导区区划调整，原属望城县的含浦、坪塘、莲花镇3个镇归岳麓区管辖，岳麓区土地面积由2007年的139.07平方公里扩大到530.97平方公里，人口也由48.24万人突增到67.39万人，但是由于土地面积是其他区的5～6倍，到2010年岳麓区人口密度在五个行政区中排名最后，人口密度由2005年的3274人/平方公里下降到为1510人/ km^2。与2000年相比，其他4个区的人口密度都有了较大幅度的增长。其中，以芙蓉区增长幅度最大，每平方公里增加了3158人。其次是雨花区每平方公里增加了1940人。人口总数方面，岳麓区总人口80.17万位居第一，占市区总人口的25.93%，其次是雨花区72.4万，占市区总人口的23.4%。与2000年相比，岳麓区由于2008年增加了含浦、坪塘、莲花镇3个镇归岳麓区管辖，人口总数增长了将近一倍。除去这个行政原因，人口实际增长最快的是雨花区，人口总数增长了44.11%，长沙市区人口增长重心主要在城南地区。

2000～2010年城市中心区人口变动情况表　　　表4-11

地区	总人口（万人）			人口密度（人/km²）			机械增长率（%）			2010年比2000年人口总数增加百分比（%）
	2000年	2005年	2010年	2000年	2005年	2010年	2000年	2005年	2010年	
市区合计	212.3	237.3	309.2	3815	4264	3261	21.28	19.88	1.6	45.65
芙蓉区	39.00	43.16	52.40	9200	10179	12358	23.98	19.78	18.53	34.3
天心区	39.68	44.81	47.52	5389	6085	6453	19.00	2.84	-22.6	19.75
岳麓区	40.99	45.53	80.17	2948	3274	1510	21.14	35.19	-16.4	95.57
开福区	42.36	46.76	56.71	2265	2500	3032	9.16	8.8	16.83	33.87
雨花区	50.24	57.00	72.40	4399	4991	6339	33.25	32.38	16.22	44.11

资料来源：长沙市统计局编《长沙统计年鉴》（2001～2011）。

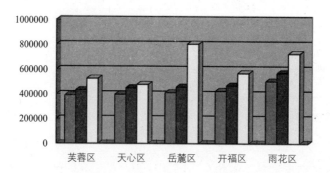

图4-25　2000、2005、2010年长沙中心城区常住人口总数对比

资料来源：根据表4-11绘制。

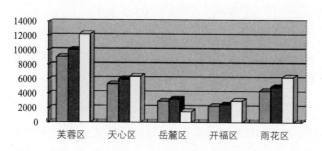

图4-26　2000、2005、2010年长沙中心城区人口密度对比

资料来源：根据表4-11绘制。

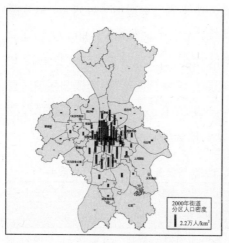

图4-27　2000年长沙人口密度分布柱状图　　图4-28　2010年长沙人口密度分布柱状图

资料来源：运用GIS自绘。

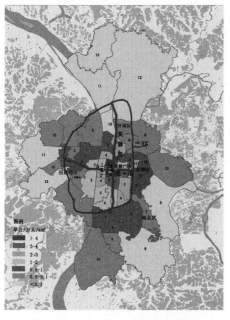

图4-29　2000年人口密度分布图　　　　图4-30　2010年人口密度分布图

资料来源：运用GIS自绘。

（2）人口数量及人口密度分布特征

①从空间分布看，长沙市人口密度的分布大体上从中心区向四周密度递减、内高外低，呈Clark-圈层布局结构。

从图4-25～图4-28长沙2000年和2010年人口密度分布可以看到，长沙市中心人口密度最高，随着离市中心距离的增大，人口密度也随之减少，人口密度较高区主要集中在二环以内，表现出城市快速发展期阶段的特征。人口密度呈现典型的Clark分布。

随着离市中心距离的增大，人口密度也随之减少，这个人口分布规律符合20世纪50年代初由美国人口学家克拉克提出的人口分布模型（此模型为常用的人口分布模型），其数学模型如下：

$$D_{(r)} = D_0 e^{-br}$$

$D_{(r)}$——距市中心r处的人口密度

D_0——市中心的人口密度

r——距市中心的距离

b——常数

一般来说，b越小，说明人口越向外扩散，市中心区人口密度减少，人口分布趋向均衡；b越大，说明人口分布越集中于市中心区，随着向外距离的增加，人口密度迅速下降。随着时间的推移和城市人口规模的扩大，b的数值会逐渐减小。

田怀玉、肖洪（2009）在利用元胞自动机（CA）对长沙市人口密度变化进行动态模拟，使用2000年及2005年长沙市街道人口数据资料，运用SPSS13.0软件，采用Clark模型（负指数模型）、Tanner、Sherratt和Smeed模型、Newling的二次指数模型等典型的人口密度模型，对长沙2000年和2005年人口密度空间分布进行回归分析模拟，得到了长沙2000年和2005年人口密度分布数学模型：

$$（2000年）Y=255.012 \times e^{（-0.216 \times Distance）}$$
$$（2005年）Y=270.433 \times e^{（-0.186 \times Distance）}$$

从参数b的绝对值来看，从2000年的0.216下降到2005年的0.186，呈缩小的发展趋势，说明长沙市人口密度梯度减小，人口逐步趋向均衡分布，其原因是人口的郊区化过程开始出现，中心区人口向外围地区迁移，2000年到2005年长沙市人口密度随距离的衰减趋势变缓，人口趋于分散和均匀。

②人口高密度区主要位于五一路一带。

从图4-29、4-30我们可以看到，长沙人口高密度区主要集中在湘江以东、南二环以北、东二环以西和三一大道以南的城市商业核心区域。其中比较明显的特征是以芙蓉广场为核心、以五一路为对称轴线，人口的分布沿五一路由芙蓉广场向两端减少，呈典型的单中心高密集程度的集聚类型。这是因为五一路沿线开发强度大，城市基础设施和服务设施完善，人口集聚功能强。人口密度在2万人/km²以上的街道基本上都位于五一路附近。运用五普和六普的街道人口数据，以五一路为截面，按离芙蓉广场的距离为单位来排列的各街道的人口密度（图4-31、图4-32，0点表示芙蓉广场）。分析表明：核心区的一些街道的人口已经开始出现负增长，人口增长最快的街道在核心区以外的城市边缘区，并集中在距离芙蓉广场3～6km处。

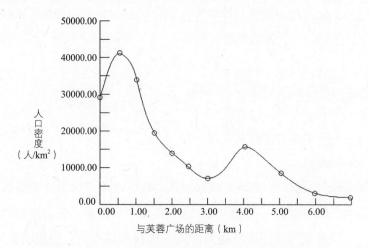

图4-31　2000年人口密度随距离变化图（0代表芙蓉广场）

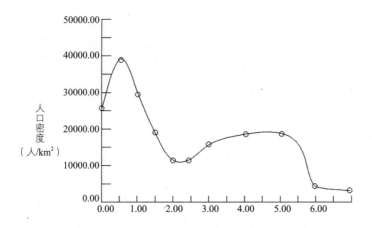

图4-32　2010年人口密度随距离变化图

资料来源：作者自绘。

③城市人口郊区化现象明显，湘江西部、城市南部成为人口增长的重点。

从图4-29、图4-30对比分析，以及表4-12各区域的人口分布变化情况我们可以看出：城市边缘区、城市郊区人口密度持续上升，城市中心区人口密度逐步下降，人口数呈现了负增长现象，城市边缘区成为人口增长最快的地区，人口分布有从中心城区向近郊地区转移的趋势，出现了明显的郊区化现象。

2000年长沙市中心区的人口密度达到2.76万人/km²，到2010年人口密度为2.47万人/km²，每平方公里减少了近3000人。当城市发展到一定阶段，中心区人口密度过高，而附近的郊区随着城市的扩展而得到开发，再加上公共交通条件的改善，促进了人口逐渐向近郊扩散。人口向郊区扩散，这与交通的牵引、政府的调控及区域发展战略等政治和经济行为相关。

长沙市人民政府向河西迁移（2001年）与湖南省人民政府向城南迁移（2004年），使得河西、城南很快成为企业入驻、市民入住、楼市开发的热门地段。长株潭城市群区域规划提出营造长沙、株洲、湘潭三核相向发展的空间框架，为长沙市拓展重点的东移与南移创造了条件。从图4-27，图4-28对比可以看到湘江西部、城市南部成为人口增长的重点。

2000～2010年长沙市人口分布变动情况　　表4-12

	2000年		2005年		2010年	
	总人口（万人）	人口密度（万人/平方公里）	总人口（万人）	人口密度（万人/平方公里）	总人口（万人）	人口密度（万人/平方公里）
城市中心区	46.84	2.76	44.14	2.61	41.82	2.47
城市边缘区	165.44	0.31	198.05	0.37	241.30	0.45
郊区	146.11	0.0435	146.43	0.0436	150.31	0.0448

资料来源：作者根据资料整理。

2）基于GIS人口与商业空间结构演变相关性研究

本书运用空间信息分析中的空间相关分析法，应用GIS进行人口分布与商业空间结构演变的空间相关性分析，通过数据搜集和计算得出2005年和2010年长沙市人口重心与商业重心相关度拟合图和2010年相关度拟合图，在两图比较中总结出在这5年的时间里长沙人口和商业空间结构演变的发展趋势以及二者在发展过程中是否契合等问题，见图4-33、图4-34。

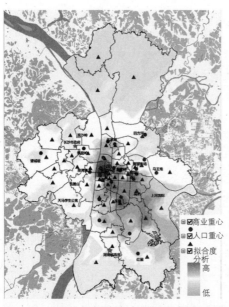 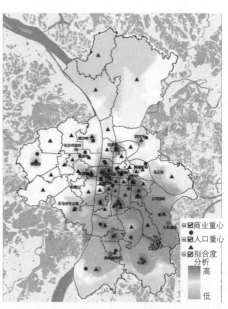

图4-33　2005年长沙市人口重心与商业重　图4-34　2010年长沙市人口重心与商业重
　　　　心相关度分析　　　　　　　　　　　　　心相关度分析

资料来源：作者GIS自绘。

从图4-33中，我们可以得出以下几点结论，首先，2005年长沙人口分布与商业空间布局拟合度较高的区域主要集中于城市中心区，这是因为城市中心区开发强度大，城市基础设施和商业服务设施完善，人口集聚功能强。其次，在城市边缘区和郊区人口分布与商业空间结构拟合度较低，在岳麓区和开福区的人口分布与商业拟合程度甚至出现低相关度极点。产生这种现象的原因是商业网点数量主要集中在城市中心地带，边缘区及郊区商业网点数量较少，而边缘区人口逐渐增长，所以二者的发展存在不匹配现象。再次，城南和城东的人口分布与商业拟合度相比城北和河西拟合度较高，这说明受政府的调控及区域发展战略的影响，人口与商业向城南和城东扩散较快。

从图4-33、图4-34中我们可以看到：2005年到2010年期间，长沙人口与商业空间结构都经历了一个膨胀式的发展，2010年的长沙人口与商业拟合程度呈现出新的变化，主要有以下几点，首先，城市中心区的拟合度相对于2005年的拟合度有所下降，但相关度仍然较高。这是因为中心区高密度的人口由于交通拥挤、居住环境恶化等原因逐渐向外扩散，人口数量下降，但城市中心大型商业网点集聚度仍然较高，所以拟合度有所下降。其次，城市次中心的相关程度明显上升，如火车站商业中心、高桥商业中心、荣湾镇商业中心、观沙岭商业中心、四方坪商业中心、伍家岭商业中心、望城坡商业中心、黎托商业中心等区域性商业中心相关程度有明显的提高。这是因为近年来随着人口和居住空间的快速扩张城市区域性商业中心和社区级商业中心进一步发展完善，长沙市商业空间结构也由原来的五一广场为中心的单一"金字塔"式城市商业空间格局变为多中心商业空间结构，商业空间结构呈现扁平化、多极化趋势。再次，在城市边缘区人口分布与商业空间结构拟合度有所提高，城南和城东的人口分布与商业拟合度都有所提高，但岳麓区、开福区的人口分布与商业拟合程度仍然出现低相关度极点。产生这种现象的原因是商业网点和人口分布都有从中心城区向近郊地区转移的趋势。特别是湖南省人民政府向城南迁移（2004年），使得城南很快成为企业入驻、市民入住、楼市开发的热门地段。人口与商业网点向城南和城东扩散较快，城市边缘区人口分布与商业拟合度都有所提高。但岳麓区和开福区商业网点扩散的速度滞后于人口扩散，所以这两个区的人口分布与商业拟合程度仍然出现低相关度极点。

（1）人口分布与商业网点布局存在明显的相互吸引效应

从上述人口分布与商业空间结构的相关性分析，我们可清楚看到，商业重心和人口分布重心呈现出明显的正相关关系，主要表现在如下几个方面：

首先，人口分布与商业网点布局均向心聚集。

长沙一直是以旧城为中心不断向四周扩散的集中块状、单核心结构形态，市中心商业区位于芙蓉区的五一广场商业中心，城区内的公交线路几乎都经过或与五一路相连接，与市区其他地段拥有良好的通达性，自汉代以来就是长沙城市的政治、文化和经济中心。大型综合购物中心不断集聚，城市空间结构的发展呈现出以中心区为核心的向心集聚的集中过程，中心区人口数量和密度也不断增加，拥有五一广场、袁家岭、火车站三个商圈的芙蓉区的面积仅占市区总面积的4.4%，2005年人口却占18%，人口密度远远大于其他行政区；从图4-33、4-34长沙人口重心与商业重心的相关度来看，一直以五一广场商业中心为最高级别的区域，这一方面说明人口分布与商业网点集中化明显。从图4-35可以看到人口密度在3万人/km²以上的街道基本集中在芙

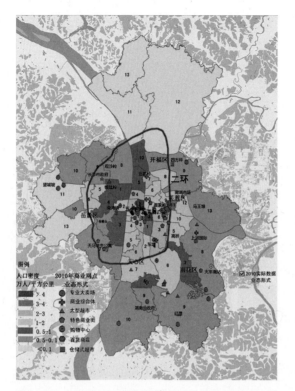

图4-35　2010年人口密度分布与商业网点业态分布

资料来源：作者自绘。

蓉区的五一广场和火车站附近，而拥有五一广场、袁家岭、火车站三个商圈的芙蓉区是大型综合购物中心集聚程度最高的区域，也是商业活动最频繁的区域。

其次，商业网点密度与人口密度均自市中心向外逐渐下降。从图4-35可以看到，长沙市中心人口密度最高，随着离市中心距离的增大，人口密度也随之减少。而城市中心区也是商业集聚程度最高的区域，主要集聚购物中心和商业街等零售业态形式。随着城市的发展，商业网点从城市核心区向整个市域范围内蔓延，城市边缘区和郊区分散布局大型综合超市、仓储式超市、专业大卖场，商业网点密度较低。

最后，随着城市建成区的扩展，人口和商业网点向南扩散。长株潭一体化的发展指引着长沙总体规划有向东向南发展的趋势，同时也疏散了中心区域一部分人口向边缘迁移，使得长沙市人口重心有向南移的趋势，这在一定程度上减缓了中心区域的人口压力和交通压力。城市南边的红星、黎托和大托等区域性商业中心也得到迅速发展。从购买力因素而言，雨花区将是商业空间未来的重点发展区。

（2）人口分布与商业网点布局的差别性

①商业繁华地段对居民的既吸引又排斥

长沙市区中心的五一广场，几十年中保持了市中心商业区的地位，然而，这里的街道如府后街街道、解放路街道、坡子街街道2010年人口密度分别为3.37万人/km²、2.72万人/km²、1.94万人/km²，而人口密度最大的是开福区的望麓园街道，为4.30万人/km²。可见商业最繁华地段与人口最稠密区并不一致。这是因为城市土地的高密度开发，造成有限空间的拥挤、多功能活动的交互干扰和环境的恶化，人们不愿在此区域内居住。

②商业空间结构的扩散落后于人口分布的扩散

从表4-11可以看到，河西岳麓区的人口数量的增加速度和人口总数是所有行政区中最高的，岳麓区良好环境和文化氛围吸引人口向西扩散，大量住宅小区在此兴建。但是从图4-33、图4-34可以看到人口重心与商业重心的相关程度较低，商业并未与人口扩散的速度和规模相协调，两者之间存在明显的时间滞差，说明商业设施的配套落后于人口集聚的速度。快速城镇化进程使得城市空间不断扩张，人口的扩张无论是在速度、规模还是数量上都比商业空间的发展快。

4.3.4 居住与商业空间结构的互动

1）城区居住空间布局发展历程

（1）改革开放前

① 我国城市居住空间建设实践与理论发展

从新中国成立后到20世纪70年代末的近四十年里，我国城市住宅建设发展比较缓慢。新中国成立初期，我国对城市居住空间的营造主要是改革内城区居住环境及城市边缘区的工人新村。1956年社会主义改造、住房公有化，打破了1949年以前居住空间存在的血缘和地缘组织形式，实现居住的社会平等分配。同时与内城区邻里、街坊空间结构相对应的是，由单个企业或几个企业联合兴建的大批分散而又平等的边缘区居住区片和企业职工住宅。这一时期主导生产发展的是中央集权制计划经济，与这种封闭的经济运作方式相适应，城市居住空间被分化成一个个以单位为基本居住单元的"单位制"居住空间——"大院"。此后的很长一段时期内，这一居住形式成为我国城市居住空间发展中的主导形式。

②城市居住空间布局特征

总的说来，这一时期我国城市住宅建设由于计划经济体制的影响，居住空间形态表现出均好的特点，一般以单位大院的形式聚集于城市中心地区，与工业用地、商业用地混杂在一起。

长沙市居住空间主要分布在城市中心片，中心片为长沙市城市的核心体，以湘江、浏阳河和二环线为界，用地涉及开福区、芙蓉区、天心区和雨花区，其中又以芙蓉区为重点。其内核——旧城区是城市的发源地，是长沙市悠久历史文化的主要承载地之一。

在20世纪70年代中期，随着湘江大桥和火车新站两个交通项目的假设，长沙的城市空间形态发生了突破性的变化，城市的骨架被拉开，形成了火车站—五一路—湘江大桥的城市东西轴线。这两个对外交通项目最主要的作用是促进了市内交通、住宅和市政公用设施的改善。随着城市建设的飞速发展，省政府、市政府从中心片迁出，原有工业企业外迁、工业用地置换。旧城改造等城市建设项目的实施，中心片的中心区位优势更为突出，五一广场一带正式成为居住空间的集聚中心。

上述这些特点充分反映出当时长沙社会生活、生产力发展水平不高的状况。

此外，政治制度的组织状况、公共服务设施水平、城市交通发展等多方面因素也限制着居住空间形态的发展。

（2）改革开放后

①我国城市居住空间建设实践与理论发展

改革开放后，特别是进入20世纪80年代以来，城市社会、经济制度的转变和住宅商品化的试行有力地推动了城市的建设，城市住宅建设走向了一个全面发展的新阶段。

进入20世纪90年代，特别是1992年邓小平同志的南巡讲话后，进一步确立了市场经济体制的地位，一系列经济体制改革的措施，尤其是土地有偿使用制度的实施，使城市土地的价值和城市公共设施的价值得到明显体现，城市中心区地价迅速提高，住宅商品的价值充分得以体现。与此同时，以住宅商品化逐步加速为契机，住宅产业成为我国新的经济增长点和消费热点，伴随着这一变化，我国城市住宅建设再次进入了一个新的历史阶段。

②城市居住空间布局特征

20世纪80年代初期，随着经济的发展和住宅商品化的试行，福利分房向商品住房过渡发展，大规模的住宅建设开始进入数量与质量并重的阶段。

进入20世纪90年代后，房地产业蓬勃兴起，城市住宅建设项目的开发主要成为开发商的行为，因此居住区的建设依据其所在地段的位置、规模大小的不同而千差万别。长沙市中心片的居住用地容积率越来越高，2002～2005年新开发的楼盘中，容积率在3～4之间的占到了40%，容积率在4～6之间的占到了20%。与此同时，居住郊区化的现象开始出现，新开发楼盘较多分布于四方坪、天心生态新城、河西麓谷片、高桥、隆平等片区。渐渐跳出城市中心片区的范围，往城市外围区域发展，并带动外围商业空间发展，如麦德龙、新一佳、家润多等大型超市在城市外围区域纷纷建成。特别是最近几年来，随着住宅商品化的全面实施和社会空间结构的变化，城市居住空间随着社会极化现象的加剧而出现居住分异现象。

2）长沙居住空间布局和空间结构特点

图4-36   2005年长沙居住空间结构布局

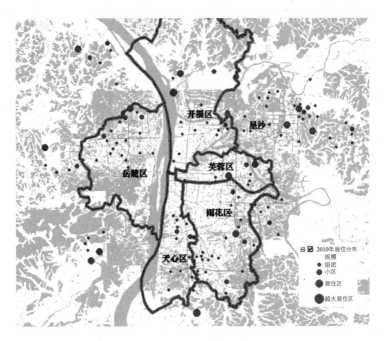

图4-37   2010年长沙居住空间结构布局

资料来源：作者自绘。

2005年到2010年长沙居住空间发生了一定的变化（图4-36、图4-37），从行政区划来看2005年长沙居住空间分布主要集中在开福区、芙蓉区、天心区、雨花区，只有少数楼盘在行政区划外。2010年长沙居住空间稳步增长，居住规模有所扩大，居住空间分布重心逐渐向外偏移，很多大规模楼盘向外扩散，星沙片区尤其明显。居住空间分布呈现出内涵外延相结合，以外延扩散为主的特点。

从城市空间结构来看，2005年长沙居住空间主要分布在以浏阳河、湘江和二环线为界的城市中心片区。2010年长沙城市居住空间呈现扩张的趋势，居住空间布局不再局限于中心区开始向外围扩展，居住郊区化开始盛行，居住空间扩展呈现出"十"字轴线沿芙蓉路向南北方向，沿三一大道、岳麓大道向东西方向扩展趋势。居住空间结构呈现出多中心扩散趋势。

从道路结构来看，2005年长沙居住空间主要在五一大道、芙蓉路、枫林路、东二环沿线呈现密集分布。2010年长沙居住空间分布于芙蓉路、三一大道、岳麓大道、绕城高速，居住空间分布由原来的二环线内扩散到二环外。居住空间结构演变呈现出沿交通干道由中心城区边缘呈环状向外推进的特点。

3）居住与商业空间结构演变相关性

城市空间结构是一个复杂的巨系统，城市各要素以城市为载体，相互作用。各功能结构要素的互相作用投影到城市空间结构上，居住是城市空间中比例最大的部分，而商业则是城市系统中最为活跃的部分，应用GIS进行空间相关性分析，有利于分析居住与商业空间发展是否相关，有助于检验现行规划实践成果，引导城市空间结构的可持续发展。

本书采用GIS进行空间相关性分析，首先在GIS软件的支持下建立了居住空间结构与商业空间结构的属性数据库和空间数据库。其次在GIS平台上，以居住分布点为基准点测出各居住分布点与最邻近商业点的距离与方向，通过规范化的商业点辐射范围数值的限定将原有空间数据和属性数据中超出居住空间所需商业服务范围的商业数据进行排除，将范围内的商业数据与居住数据进行匹配。最后通过确定居住与商业距离的最远和最近极值点，采用克里金插值方法，生成各居住点与商业点的相关度等值图，依据等值图颜色区分确定居住点与商业点发展的相关程度。

（1）居住与商业空间布局相关度分析

从图4-38中，我们可以有下几点结论，首先，在整体的城市居住空间结构与商业空间结构拟合方面，我们可以看出2005年长沙居住与商业空间布局拟合度整体上是趋于吻合的，居住与商业空间结构大体上呈现出协调发展的态势，形成了以城市中心区为重心的多点结构形式，岳麓区、芙蓉区、雨花区、天心区都有自己的高相关度极点；其次，图4-38中也显示出长沙居住空间结构与商业空间结构也并不是所有地点都是趋于吻合的，比如开福区、星沙的居住与商业空间结构拟合相关度并不高，在城市边缘区的居住空间与商业拟合程度甚至出现低相关度极点。

　　2005年到2010年期间，长沙居住与商业空间结构都经历了一个膨胀式的发展，2010年的长沙居住与商业拟合程度也呈现出新的变化，主要有以下几点，首先，在整体的城市居住与商业空间结构拟合方面，2010年长沙居住与商业空间结构相关度整体上呈现出不匹配现象增长的态势，2010年相对于2005年相关级别层次更加明显，城市中心区的相关度相对于2005年的相关程度更加相关，城市次中心的相关程度也提高了，从图4-39中可以看出城市中心及次中心区相关度最高，但是城市边缘区的相关度低极点在数量上有了增加，使得长沙居住与商业空间结构相关程度在整体上降低了。

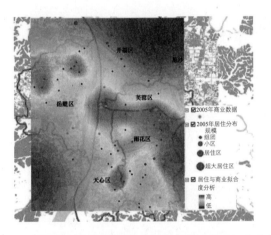

图4-38　2005年长沙市居住与商业网点空间布局相关度分析

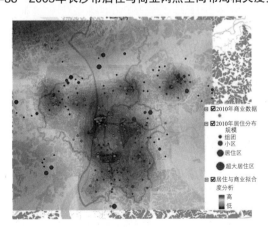

图4-39　2010年长沙市居住与商业网点空间布局相关度分析

资料来源：作者自绘。

（2）居住与商业业态结构相关度分析

商业的业态与规模决定了商业的服务范围，零售商业等业态的性质与居民的生活相关性较高，而专业大卖场等业态往往针对更大的区域群体，因此与居民生活的关联度较低。在居住与商业业态结构相关性研究方面，本文尝试剔除了商业业态中的专业大卖场等业态形式，以大型生活类超市作态形式与居住空间进行二次相关性分析。2005年的居住与商业业态相关度如图4-40所示，城市中心区是最高的地方，芙蓉区、雨花区、天心区的次中心区域相关度比较高，在靠近城市边缘地带的地方则相关度低，岳麓区由于湘江的隔断并未在靠近城市中心区的地方形成相关度最高点，而在观沙岭和西站附近形成两个相关度高的极点，开福区是所有行政分区里面相关度最低的地区，而大量楼盘在此新建，说明商业并没有与之配套。

随着商业业态的进一步发展和完善，2005到2010年期间，商业业态布局进一步在城市中心区集聚，居住与商业业态相关度级别层次更加明晰，相关度最高的区域由1个增长到4个，即五一广场、东塘、高桥、红星（图4-41）。

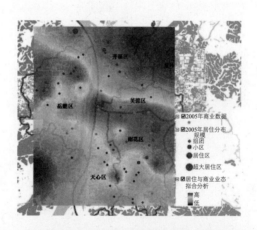

图4-40　2005年长沙市居住与商业业态空间布局相关度分析

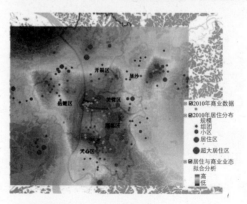

图4-41　2010年长沙市居住与商业业态空间布局相关度分析

资料来源：作者自绘。

（3）居住与商业空间结构相关度比较和分析

通过居住与商业空间相关度分析发现以下问题。首先，居住空间与商业空间发展存在明显的不匹配现象。快速城镇化进程使得城市空间不断扩张，居住与商业空间发展均呈现出郊区化的趋势，但由于中国特有的国情及商业自身的发展机制的影响，城市居住空间的扩张无论是在速度、规模还是数量上都是比商业空间的发展快，从图4-38、图4-39可以看出城市边缘区居住空间并没有与之配套的商业设施，居住与商业相关程度低，这将导致居住的配套功能的完善受到很大的限制，大大降低居民的日常生活品质。其次，居住空间布局与商业业态布局也存在着不匹配现象。在剔除大型家居、汽车、仓储式会员店、建材等专业市场，只保留与居民基本生活关联紧密的大型生活类超市业态后，城市边缘区大型居住空间与商业业态不匹配现象更加明显。从图4-37可以看出，长沙居住空间的规模扩张主要在城市边缘区，部分超大型住区规模甚至接近小型城镇的规模，根据《城市居住区规划设计规范》，该地区应配备与之规模相适应的商业设施，可是由于商业业态发展的自身规律，在城市中心区以大型综合购物中心、商业街、百货店为主，城市边缘区则以大型家居、汽车、仓储式会员店、建材等专业市场为主。这种业态分布的格局致使城市边缘地区居住空间得不到合适的商业配套。第三，居住与商业空间是居民日常生活与消费的两个主要场所，这两个空间要素的协调发展将优化城市居民的生活品质和道路空间结构状况。长沙居住与商业空间的相关度一直以中心商业区为最高级别的区域，这一方面说明商业网点结构单一化和集中化发展趋势明显，而中心商业区的居住空间商业化趋势在我国的城市中都比较明显和突出，例如将居住用房出租用于商务办公，或者以居住用房名义开发的楼房整体用于商务办公，虽然在分析图中与商业空间相关度高，但分析结果与居民日常生活的舒适和便利度没有太大关系。另一方面说明城市周边的大型居住型楼盘会因商业配套不完善而使日常生活和购物不方便，影响购买者的入住率，从而反过来再影响商业配套的发展和加剧中心商业区的交通压力。

4）商业空间结构与居住的互相影响过程

（1）集中化时期

20世纪80年代以前，长沙市商业中心一直聚集于旧城中心，形成了以五一广场为城市核心的"单核心格局"，吸引了大量人口聚集，企业用地、工业用地与之紧密联系在一起，周边各种用地混杂，其中居住用地则以"单位大院"的形式存在。在社会经济发展影响下，长沙市从80年代中期至90年代中期，在中山路、韶山路等主要城市干道的连接处，百货大楼、友谊华侨商场、阿波罗商场、东塘百货大楼和湖南商场共同上演了一场"商战"，最终形成五一广场、袁家岭、东塘三个点状商业中心区。通过五一路、韶山路等城市干道连接成具有一定规模的城市商业空间。同时政府加快了对该地区道路的整改，因此，其便捷的交通以及便利的生活环境，对住宅的区位选择、开发模式、价格定位等形成较大的影响力。而此时长沙私家车普及率还比较低，在这合体，并促使居住空间在城市商业中心集中。在城市化的前期，商业成为居住区布点的考虑因素，在这个过程中，商业空间占主导地位影响居住空间的发展方向。

（2）郊区化时期

城市经济不断进步，城市化的步伐大大加快，在这个过程中出现了住宅外溢的现象。具体原因有：

①随着我国社会主义市场经济体制的确立，我国城市土地使用制度发生了根本变化，由原来计划经济时期政府无偿划拨土地制度转变为有偿使用，土地竞标、拍卖成为主要形式。原来单位大院式的居住格局在价值规律面前逐渐解构。高回报率的城市商业用地及高档住宅用地逐渐在城市中心区集聚，地价区位差异直接导致城市中心区用地性质置换，工业及低价格住宅被迫外迁。

②1998年住房制度改革，延续40年的住房分配制度解体，推动住宅供需市场化，由于城市市民收入情况的差异，决定了其对住宅价格和交通成本的不同承受力，部分居民对开敞空间及生态环境的需要与中心区地价上涨之间存在矛盾，更难以在中心区形成规模性住宅空间，进一步推动住宅的郊区化。

③大量农村人口涌入城市，导致城市住宅需求大幅度上升，但由于进城人口的工作性质

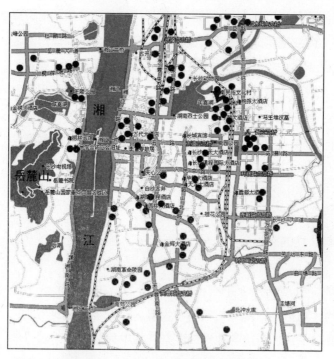

图4-42　2002年长沙市新建楼盘布点图

资料来源：作者根据长沙楼市网长沙市产地产交易网整理。

及工作地点的限制，限制了其对住宅区位及价位的选择。

于是从1998年开始，长沙市房地产开发出现了快速发展的高潮，截止2002年，居住的范围已经远远超过原有以五一广场为核心的单一片区模式（如图4-42），在城市边缘出现新兴居住片区。

但由于我国郊区化的出现并不是在城市化水平达到一定高度后出现的，所以在开发过程中分层现象较为严重，郊区多为中低档房，而中心区由于地价较高，开发则以高档为主。居住分层现象导致在长沙早期的住宅郊区化时期边缘地带的居住空间并不具备促使商业空间扩散的吸引力。

在此阶段中，居住空间的郊区化不仅表现出城市边缘区居住地域的不断扩大，而且将边缘地区逐步演化为居民日常居住生活空间。在城市边缘区，市民的"职住分离"现象尤为明显，人们希望能够在住宅区周边享有娱乐、购物、休闲的活动，同时在现代社会，人们的日常生活已经对超市这一业态具有一定依赖性。鉴于商业重心必定追随人口重心这一原则，商业服务设施的选址必然随着居住空间郊区化而产生相应的变化。

2000 年"新一佳"大型综合超市选址于长沙南部的侯家塘，虽偏离中心区但已具备一定居住人口规模，在随后五年的时间里，居住空间不断往市区边缘扩散，在消费购买力的牵引下，麦德隆、新一佳、家润多等大型超市随之选址于四方坪等有大量人口聚居区，形成了以大型超市为主的商业空间（图4-43），商业空间已经突破原有的商业单中心大圈，渐渐往城市外围形成小规模的商业圈，以服务周边居民使用为主。

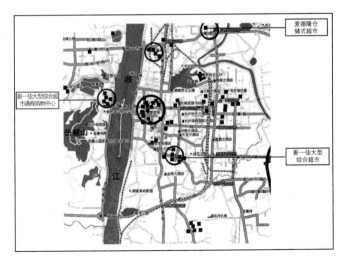

图4-43 2005 年长沙城市中心区主要商业中心空间结构

资料来源：作者自绘。

同时这些商业形态的进驻反过来影响了周边的城市功能要素发展，酒店、写字办公楼等迅速发展起来，反过来亦吸引居住空间在边缘地带聚集。可见，在郊区化这个阶段，居住空间的扩散对商业空间的离心化布局起着主导作用。

5）商业空间结构与城市居住互动过程中存在的问题

（1）商业空间与居住空间的布局与城市规划脱节

城市规划中对商业与居住空间的布局规划仍然是关于具体空间形态的规划，还停留于静态的对容积率、覆盖率、绿化率和交通流线等的控制及对空间界面的审美要求，缺少对商业以及居住自身发展状况的动态把握，尤其缺少对商业网点规划相对应的评价指标和设计导则。这种城市规划在实际实施中要么对用地及建筑设计限制太死，要么过于空洞，使得规划流于形式。

（2）两者在相互影响过程中的时效性问题，突出表现为商业郊区化的滞后性

在居住用地逐渐迁出城市中心时，商业却因其自身特有的发展机制、付租能力及中国国情的影响，使得相对于人口与工业郊区化而言商业空间的发展较为迟缓。商业发展动力主要来自扩展，更多的是依靠开分店或者连锁店的形式，所以总部仍会留在市中心区域，且商业是各种行业中付租能力最高者，随着居住用地与工业用地外溢，商业被遗留下来，形成绝对优势，并保持着城市中心区的强大生命力。同时由于城市更新和旧城改造，使得城市中心的交通、居住、经营环境得到进一步改善，削弱了商业郊区化势头。由此引发城市规模结构失衡，商业与居住布局脱节的现象，城市中心经常出现商业"扎堆"，导致互相过度竞争，提高地价，增加居住压力；城市边缘区则功能结构单一，基础设施落后，商业发展滞后。边缘区的消费必须到区域中心甚至市中心才能够得到满足，加剧了城市的交通压力。

6）大型综合购物中心与城市居住空间的互动

（1）长沙大型综合购物中心周边居住空间的发展

从图4-44中可以看出：南部的楼盘基本上是围绕东塘商圈以及步步高、家润多等大型综合超市分布；东部楼盘则在友谊阿波罗和家润多大型综合超市服务圈范围内；北部的楼盘则主要围绕麦德龙超市以及五家岭商圈分布；西部则主要围绕溁湾镇商圈分布。因此，大型综合购物中心集聚成为引导居住空间集聚的主要因素。

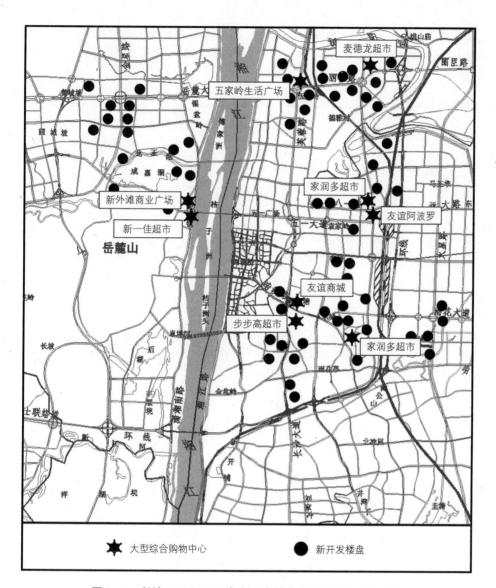

图4-44　长沙2005～2008年新开发楼盘主要空间区位分布图

资料来源：作者根据长沙房地产开发信息网整理。

（2）沃尔玛的长沙区位发展

长沙沃尔玛超市区位选择如图4-45所示：第一家店选址在五一广场商业中心紧邻黄兴路步行街；第二家店紧邻韶山路并处于东塘商业中心辐射范围内；第三家店则在火星大道中南摩尔国际商城；未来第四家店则在岳麓区北金星大道中段。可以看出大型综合购物中心扩散主要是以大型综合超市沿着城市道路蔓延式向城市边缘区域扩散为主。

图中从长沙2005年前后的楼盘开发选择区域可以看出，随着长沙城市化的高速发展，城市中心区居住空间集中发展的同时，城市居住空间正在从城市中心区向城市边缘地区迁移。

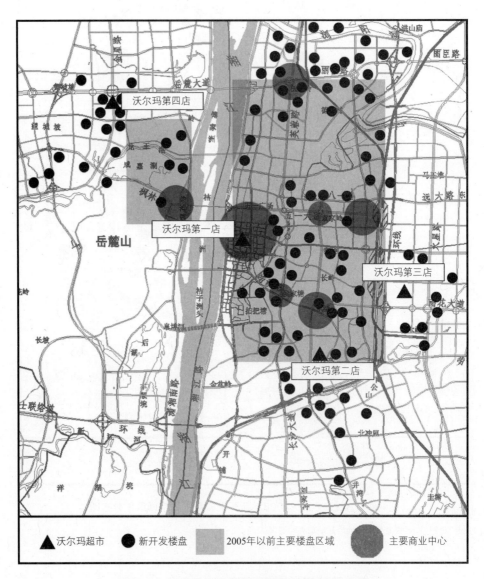

图例：▲ 沃尔玛超市　● 新开发楼盘　■ 2005年以前主要楼盘区域　● 主要商业中心

图4-45　长沙居住空间发展和沃尔玛超市区位图

资料来源：作者根据长沙房地产开发信息网，沃尔玛中国官方网站整理。

4.3.5　交通与商业空间结构的互动

（1）商业空间分布与城市道路结构不协调

从图4-46看出，商业空间节点形成的网络与城市主要道路交通网络存在较大的错位,既影响了各级商业中心网络系统的发展,也影响了城市道路的运行效率。每天交通流量的高峰期,五一路沿线的滚湾镇广场、五一广场、芙蓉广场、袁家岭和火车站前广场都会连续出现交通拥堵现象,同时还引起南北方向交通不通畅。这种交通流量的过度增长和拥挤将给顾客出行和消费造成不便,使商业区的销售能力受到约束,影响商业空间的发展。

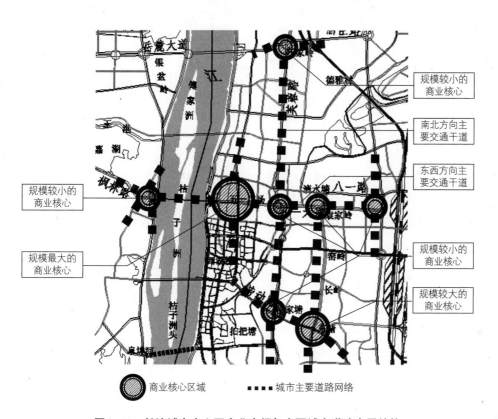

图4-46 长沙城市中心区商业空间与主要城市道路布局结构

资料来源:作者根据实地调查资料整理。

（2）大型综合购物中心空间布局对城市空道路结构的影响

按零售选址理论,人口流量、交通流量、进入的便利性、零售结构、位置特征、法律和成本因素是大型综合购物中心选址时应考虑的基本问题,而可达性是空间区位选择的主要因素。

图4-47显示交通要道是大型综合购物中心主要的空间区位选择要素。因此,大型商业中心的不合理布局将直接影响城市主要道路交通结构的功能和便捷性。同时,当大型商业中心集聚到一定程度,而城市中主要商业空间节点与主要道路交点不重合,则将以集聚点为核心重新形成新的道路结构,改

变原来的城市道路结构。

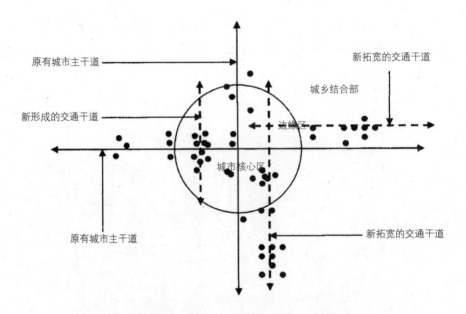

图4-47　长沙大型商业中心空间区位以及主要道路结构演变示意图

资料来源：作者根据实地调查资料整理。

1）交通节点成为大型综合购物中心集聚点

从图4-48可以看出长沙大型综合购物中心集聚的主要区域与城市主要交通干道节点基本重合。各主要商业中心都是在交通干道节点上发展，大型商业中心则紧邻主要交通干道。因此，交通节点成为大型综合购物中心最佳区位选择❶。

2）大型综合购物中心集聚增加交通节点的交通压力

大型综合购物中心的集聚带来了大量的人流、车流、物流，使得该区域的交通流量增大，长沙大型综合购物中心集聚的主要交通节点如溁湾镇、五一广场、东塘等成为城市交通状况最复杂，交通拥堵现象和停车难问题最严重的位置。

---

❶ Micheal Tubridy. Defining trends in shopping centerhistory. Research review，2006，13（1）：35

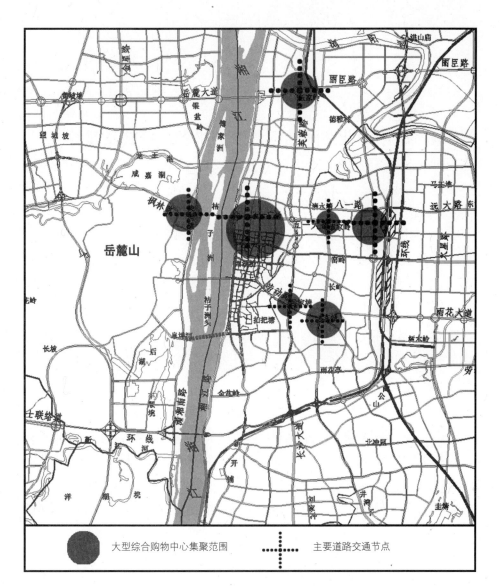

図例说明:
- ● 大型综合购物中心集聚范围
- ✛ 主要道路交通节点

图4-48　长沙大型综合购物中心集聚与主要交通节点分布图

资料来源:作者根据叶强. 集聚与扩散——大型综合购物中心与城市空间的演变. 长沙:湖南大学出版社,2007 整理。

第5章　城市商业空间结构演变的机制、模式及趋势

"机制"来源于希腊文，意思是机器的构造和动作原理，机器都由一定的零部件构成的，各个零部件根据机械原理形成因果关系，相互连接，并按照一定的方式运转（陈顺霞等，1996，转引自管驰明，2004）。上一章主要是从商业空间结构演化机制的角度研究了商业业态结构发展的作用力以及它们的规模、业态特点和空间区位分布及规律。本章将通过研究商业与城市空间结构演变和发展之间的关系，从中认识商业与城市空间结构互动影响的方式和规律。

顾朝林认为城市的社会经济活动总是处于两种力的影响之下，即集聚力和扩散力（顾朝林，2000）。在我国近三十年的经济高速发展的进程中，城镇空间的集聚与扩散已成为主流现象，但与此同时，空间盲目而无序地扩张也带来一系列城市问题，城市空间各要素之间固有的平衡状态被打破，而各要素之间的互动影响机制也必将引导空间系统逐渐趋于平衡。本章将着重通过分析研究长沙商业空间结构的发展特点来解析与城市空间结构的互动影响机制，其中，重点对长沙商业空间演变的城市化效应、业态形式、规模和空间特征四个方面进行较深入的研究，并在充分研究"城市空间实体分析与规划"、"集聚与扩散"和"城市空间解析"理论等的基础上，提出"渗透与平衡"的理论构想，力图透析"集聚与扩散"背景下的商业与城市空间结构互动影响机制。

5.1　商业空间结构演变的机制

5.1.1　商业业态分化与城市商业空间结构

商业的业态类型是随着社会经济的发展而不断分化的。这种分化不仅具有商业本身发展的需要，也是市民在消费活动过程中需求的不断更新导致。通过对商业业态类型的演化及其特征的总结，大致可以将商业业态分化划分

为三大类型，即商业业态功能的分化、商业区位选择的分化、客户消费需求的分化。三种分化方式对商业的城市空间布局带来不同的影响。

1）功能分化对城市商业空间结构的影响

商业自身内部发展规律导致的业态分化始终是其发展的主要动力。按照商业生命周期理论，任何商业都必然会经历"兴起—发展—成熟—衰落"的过程，只有通过自身功能的不断创新，才能保持商业本身的发展动力。商业自形成之初至今已经发生了深刻的变化。最初的商业功能仅仅是双方的物品交换，这种交换是在自然经济小生产模式下自给自足的需求，与现代意义上的商业概念具有较大的区别。工业革命以来，大规模工业化生产极大地丰富了城市商品的供给，极大地促进了城市商业的发展，使城市功能从生产逐渐向消费转型，商业功能从满足人们生活需求转向满足市民购物体验的过程需求。商业功能的分化导致商业对所在区位、空间规模、布局形式、交通方式等具有不同的要求。

（1）商业功能的分化直接导致商业空间布局的分异

商业功能的分化具有两极化趋向，即功能的细分化与功能的复合化。功能细分使城市商业与城市居民需求结合得更为紧密，如便利店、超市则趋向于社区中心集聚，巨型超市、购物公园等功能趋向于交通枢纽集聚。功能的复合化要求商业承担更多的社会经济功能，复合化的商业功能对区位选择更为谨慎，导致商业的区位集聚分异特征更加明显，主要商业设施如超市、便利店、购物中心、专营店、专卖店等过于集中在城市中心，商业的过于集聚与中心区人口的分离形成反差，造成中心区商业功能过于重叠，而城市新区商业设施缺乏。

（2）商业功能的分化导致不同业态规模和空间特征的差异

传统的商业形式是沿街店铺经营模式，随着社会经济的发展，传统经营模式虽然仍有其生存的活力，但已经不能满足市民多方面消费的需求，新商业业态形式对经营场所的规模和空间布局具有不同的要求。便利店、专卖店等倾向于小规模特色化经营，对用地规模要求低，空间布局灵活；超市、专营店、巨型超市等建筑体量庞大，进出车辆场地要求大，要求用地规模大，空间特征单调，在西方被冠以"大盒子"之称。而购物公园等一般均是具有多种经营需求的建筑群，用地规模更大，建筑群体组合具有独特个性，环境优越。在我国，城市中心区充斥"大盒子"、高层标志性商业中心以及特色商业街区等功能，空间形式较为混杂。近几年，在城市近郊逐渐出现奥特莱斯购物公园等商业业态，使得城市商业空间的规模与特征差异性更加显著。

（3）商业功能的分化导致不同商业业态的区位选择差异

传统的商业倾向于向人群密集的区域集中，因此大量商业过于集中在城市中心区。区位永远是商业空间布局的第一选择因素，但随着商业业态的分化，区位已经不再是决定商业空间布局的唯一要素。如购物公园要求具有良好的生态环境和交通条件，因此更倾向于城市快速路或者城市出入口门户区域。超市、巨型超市等逐渐与房地产开发项目联合开发，并互为依托。

2）消费导向分化及其对城市商业空间结构的影响

（1）消费者群体分化导致商业业态区位重新分配

与城市居民收入水平日益提高对应的是城市居民收入分化程度也逐渐加大。以长沙市为例，从1978年至2009年，长沙市人均可支配收入由635元上升至17 674元。根据联合国有关组织提出的标准，基尼系数低于0.2为收入绝对平均，在0.2～0.3之间为比较平均，在0.3～0.4之间为相对合理，在0.4～0.5为收入差距较大，0.6以上表示收入差距悬殊。长沙市的基尼系数由2000年的0.376扩大到2009年的0.45，呈现上升趋势，并且超过了0.4的警戒线，表明收入差距进一步扩大❶。收入差距不仅体现在城乡之间，城市内部同样呈现收入差距分化的现象。与收入水平分化对应的是，城市居民消费水平同样出现分异。一方面不同群体对商业消费需求差距持续拉大，高收入群体青睐的不仅是商品本身的品质，更追求商业消费过程中的购物体验。低收入群体更多的寻求适宜的消费区位和交通选择，追求相对物廉价美的消费品。

（2）消费者的消费观念变化导致新商业业态的出现

随着我国加入WTO以来，我国各个领域的开放程度逐渐增加，一方面国内消费群体出国机会大大增加，不断从国外高品质的商业环境提升了自身的消费观念；其次国外新的商业业态不断引入国内，丰富了国内商业领域的不同需求，导致在新的时期下消费者消费观念已经发生极大的转变，由过去仅满足购物需求转向对购物过程的多维体验。为了满足观念不断变化的消费群体，商家对商业业态不断推陈出新，形成各种新的商业空间形式。

5.1.2　大型商业中心的集聚与扩散对城市商业空间结构演化的影响机制

商业通过集聚与扩散改变了自身的业态功能，规模与等级结构，从而与城市空间结构的演变和发展产生联系。

---

❶　张世平，彭积龙，周颖江.形成合理的收入差距，加快和谐湖南建设[R]. 湖南省统计局，2009.

1）集聚对城市空间结构的主要影响机制

（1）集聚对城市商业空间结构及形态的作用机制

①集聚与城市的空间结构与形态

对于城市中心区来说，集聚首先带来的城市化效应可使中心区的空间构成要素由原来以工业、办公与居住空间为主的形式演变为以商业零售设施、商业居住与商业办公、娱乐休闲空间为主的结构形式；空间也可由原来以各行政单位为界的封闭式演变为现在通透开敞的形式，目的是能够吸引尽可能多的消费者。因此，大型综合购物中心集聚度越高的城市空间，人口数量增加、密度加大，城市公共开放空间与人行空间设计的人性化程度就越高，但中心区空间的地租效应必须使商业性与开放性很好的结合，过多的商业性则会降低城市空间的景观环境层次，而过多地强调开放性则会破坏空间的商业效益，从而削弱空间的商业吸引力。其次，从城市的内在特性看，其空间结构具有五大构成要素：节点、梯度、通道、网络、环与面❶。首先，大型综合购物中心的集聚使城市空间具有商业价值的节点增加，这种商业空间节点也是人流、物流和车流的集聚点。节点越多的区域，集聚引力随距离的衰减就越小，甚至引力圈还有重叠的情况，因此，商业空间价值的梯度就越小，整体商业价值就越高。长沙五一路集中了六个主要商业空间节点中的四个（图5-1），是城市中主要的商业带，集中了所有的商业业态形式，因此是最主要的车流和人流集中的区域，但五一路总共只有4.2公里长，四个商圈的零售引力必然有重叠的区域，对业态形式相同的购物中心就会产生不利的影响。其次，商业空间节点的增加必然导致节点之间的通道增加及空间网络密度增加，这种节点之间的通道包括商品流、交通流、人流（包括劳动力和消费人流）、信息流、资金流和技术扩散通道。根据调查，长沙城市空间中人流和物流的主要通道如图5-2所示，主要人流通道分布是沿五一路和韶山路方向，也就是东、南方向，而且沿五一路方向的密度大于其他方向的密度，与商业空间节点的密度和分布方向类似。点状与带状集聚商业空间内城市空间结构各种流态的集中度明显高于其他区域，城市中心区的建筑和零售业态密度沿大型综合购物中心集聚形成的带状空间方向发展。③商业空间节点之间由道路连线后将形成面状城市功能区域，五一广场商圈、袁家岭商圈和东塘商圈形成的面状区域是长沙城市中心区的商业核心区。

103

城市商业空间新结构模式

❶　顾朝林等，集聚与扩散. 南京：东南大学出版社，2000. 1.

城
市
商
业
空
间
新
结
构
模
式

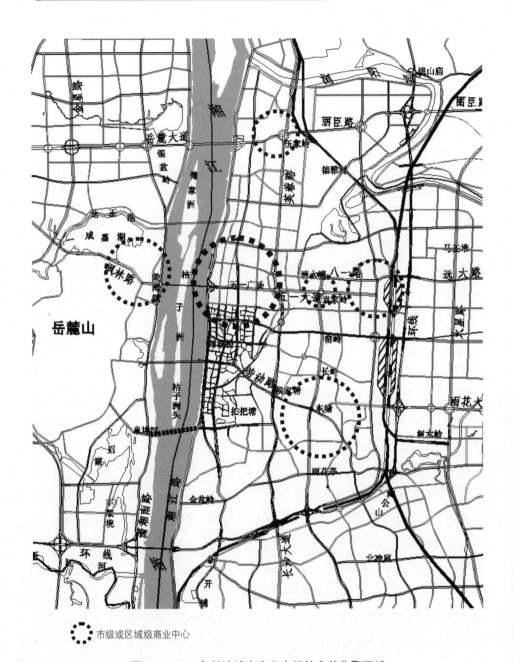

○ 市级或区域级商业中心

图5-1　2004年长沙城市商业空间的点状集聚区域

资料来源：作者根据实地调查资料整理。

对于城市边缘区域来说，大型综合购物中心集聚的区域也是城市化发展最快的区域，城市空间的扩展最快。由于大型综合购物中心与城市居民日常生活联系紧密，而目前我国家用轿车的普及率不高，因此，这种城市空间扩展往往是城市沿向外主要道路蔓延式扩展。

图5-2　长沙市主要人流、物流通道分布

资料来源：根据长沙市城市商业网点布局规划方案资料整理。

②集聚与城市中心区用地性质的转变

城市土地使用的空间模式是一组地租竞价曲线。正是这种地租竞价方式导致城市空间的分异，也产生了城市空间中地价自发调节机制。地价的差异是城市空间结构演变的动因之一，高地价的集中与低地价的分散是城市空间结构中最显著的景观特征。

由于历史的原因，我国的城市中心区主要繁华地段多为一些企事业单位用地，违背了城市土地使用的空间分布模式的规律。而大型综合购物中心是改变城市中心区用地性质的主要因素，从长沙城市中心区几个空间节点中用地结构的转换可以清楚地看到这点（表5-1）。即原有的工业、单位办公用地转换为商业用地，传统的小规模商业居住的业态形式被新型的大型综合购物中心所取代，边缘区的农业用地被专业大卖场所取代。由于集聚所带来的关联影响，大型综合购物中心周边的非商业用地也不断转换为其他服务类设施用地和商住两用类型，使区域经济结构第三产业化。近年来，受信息化、地价上涨、市中心交通堵塞、长距离通勤等因素的影响，办公业的布局发生了很大的变化，办公业出现了选择性离心化❶。城市中心区大型综合购物中心发展初期与商业办公空间共生的商业建筑综合体形式逐渐被零售商业与商务居住空间融合的建筑综合体形式所取代，使城市商业空间中的人口结构和密度发生改变。五一广场商圈中的平和堂商厦商场部分一直是长沙市大型综合购物中心中的佼佼者，但高层商务办公楼部分的租售效益则远远不能与之相比，附近的其他建筑综合体零售部分亦不如平和堂商厦，但商务居住部分的销售却异常火爆。

长沙与中西部地区主要省会城市综合指标比较　　　　　　　表5-1

	项　目	长沙	武汉	西安	成都	郑州	南昌	贵阳
1	总面积（平方公里）	11816	8494	10108	12121	7446	7402	8034
	市区面积（平方公里）	1909.86	3963.6	3582	—	1010	617	2403
2	总人口（万人）	656.62	827.24	791.83	1163.28	885.7	507.87	439.33
	市区人口（万人）	297	547	569	545	437	260	304
3	城市化率（%）	68.49	68.07	49.42	60.66	42.15	46.29	49.53
4	地区生产总值（亿元）	5619.33	6756.2	3864.21	6854.58	4912.66	2688.87	1383.07
	全国排位	15	9	21	8	16	24	31
5	人均地区生产总值（元）	79530	68315	45475	49438	56856	53023	31712
	全国排位	8	14	25	21	17	18	33
6	社会消费品零售总额（亿元）	2125.91	2959.04	1935.18	2861.28	1987.11	928.34	584.33
	全国排位	13	7	18	8	17	27	32
7	年人均可支配收入（元）	27069	23738	25981	23932	22477	20741	19420
	全国排位	12	18	15	17	20	24	32
8	年人均消费（元）	18069	17141	19306	17795	14605	15234	14300
	全国排位	15	19	9	18	26	24	29

资料来源：作者根据2012年长沙统计年鉴、各地统计信息网及各城市统计公报整理。"—"为没有数据。

　　③集聚与城市空间结构类型

　　据研究，长沙目前处于工业化中级和快速城市化阶段❷，与国外工业革命时期的城市发展类似，这一时期的城市空间以集中发展为主线，城市扩展主要是以一种外延型方式，即城市向外扩展之势，一直保持着与建成区接壤，连续渐次地向外"滚雪球式"推进，城市空间的结构类型基本上是以单中心结构为主（图5-3）。尽管郊区化过程使城市地域空间范围扩展，但郊

❶ 顾朝林等. 集聚与扩散-城市空间结构新论. 南京：东南大学出版社，2000.1.
❷ 李健明. 以市场为导向加快长沙工业化进程研究.（2004-10-14）[2005-08-07] http//: www. changsha. gov. cn.

区化初期，工业化时期的集中式单中心城市结构不仅没有削弱，反而得到加强❶。目前，长沙的城市发展也出现了郊区化趋势，但这种居住空间高密度的郊区化与国外的郊区居住低密度化的情况有很大的区别。因此，以大型综合购物中心在城市中心区进一步集聚的同时，不同类型的业态形式也在城市边缘区域集聚，形成城市中心区为点状商业区、边缘区带状、近郊区域为工业区，而居住空间则在中心区、近郊和远郊都有分布的空间结构类型（图5-4）。

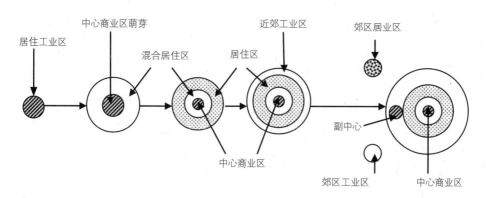

图5-3 工业化时期城市外延扩展过程

资料来源：黄亚平，城市空间理论与空间分析，东南大学出版社，2002.5.

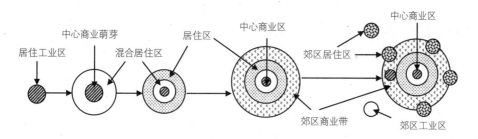

图5-4 长沙工业化时期城市外延扩展过程

资料来源：作者参照本章图5-3与实地调查资料整理。

当城市空间中一个商业中心的零售引力明显大于其他商业中心时，城市空间将形成单中心结构模式，长沙就是属于这种单中心的结构模式。由于五一广场商圈的地理位置不在城市的几何或地理重心，偏向西边，属于偏心型商业中心空间结构，从五一广场商圈向外的道路交通为交通流量最大的网络通道。长沙的城市空间主要向东、南方向，总体结构呈现出连片放射状、

---

❶ 黄亚平.城市空间理论与空间分析.南京：东南大学出版社，2002.5.

沿湘江带状组团型发展相结合的发展特点。带型城市处于发展初期且规模不大、带状形状不明显时，单一的商业中心结构在适中的位置形成，随着城市发展、规模扩大，原有的偏于一边的商业中心将会由于交通压力和城市居民生活的需要，新的大型综合购物中心就会在新的空间产生集聚，当集聚形成零售引力相同的两个或多个商业中心区时，城市空间将形成多中心结构模式，最终取得与城市形态的平衡。

④集聚与城市空间肌理

由于历史的原因，中国现代城市的中心区是在传统城市和近代城市中心区基础上逐步发展起来的[1]。因此，旧城区往往是文化和历史遗迹最集中的区域，也是城市的地理核心位置。改革开放以前，由于受到"先生产，后生活"思想的主导，中国旧城改造力度非常小。改革开放以后，中国的旧城改造则进入了一个飞速发展的时期。20世纪80年代以后，我国城市面临着经济结构和产业结构的战略性调整，第三产业在城市经济结构中的地位越来越重要，旧城区地理核心的区位特点，因此成为第三产业用地的首选区域，再加上政府"招商引资"政策和商业地租的作用，大型综合购物中心在城市核心区域大规模集聚便成了城市中心区旧城改造的主要特点。而在中心区的规划设计与管理上基本上采用简单做法，对现状多采用彻底否定的态度，常常是一次性的大规模推倒重建。特别是进入20世纪90年代以后，由于经济转轨带动城市高速发展，各地掀起了旧城更新的高潮，在房地产开发短期利益的驱动下，旧城更新规划设计、实施的简单化倾向亦愈发严重[2]。21世纪我国加入WTO后，国际大零售商得以进入中国的市场和城市，由于我国大部分城市没有成熟的商业网点规划和关于零售商业发展控制方面的法律，国外大零售商进入以及我国发达地区零售商向欠发达地区的渗透，加剧了我国许多城市中心区空间发展方面问题，大型综合购物中心集聚是这种问题产生的重要机制之一。一些城市中心区的单栋购物中心建设由20世纪80年代的1万～2万 m^2 发展到几万 m^2 ，甚至是十几万 m^2 ，并向商业建筑综合体和群体空间方向发展，这种集聚的程度对城市空间肌理的影响是巨大的，使我国城市中心区的历史文物和古迹保护的问题更加严重。长沙五一广场商圈的大型综合购物中心的集聚就对区域范围内城市空间结构和肌理产生了很大的影响，例如引起商业空间和道路交通结构方面的变化以及大规模、群体化的商业建筑对历史文化街区保护的冲击等。

❶ 胡俊. 中国城市：模式与演进. 北京：中国建筑工业出版社，1995.10.
❷ 庄林德. 中国城市发展与建设史. 南京：东南大学出版社，2002.8.

（2）集聚对城市市场空间结构的作用机制

①集聚与城市商业体系空间结构

大型综合购物中心集聚产生的商业空间类型、空间发展方向及它们之间的通道可对城市商业网点结构、结构形式和商业活动带产生影响。

当大型综合购物中心在城市中心区集聚为主要商业空间形态时，城市处于集中阶段，商业中心向外延伸的道路将成为城市空间中的主要商业活动带，大型综合购物中心周边还将集中专业化商业区，城市商业空间体系呈放射形树状结构形式。大型综合购物中心在城市边缘区域集聚时，城市空间中的商业活动带和专业化商业区将开始扩散，当边缘集聚的强度与中心区相同时，城市的商业空间体系向网络状方向发展，最终形成层次网络状、串珠状或离散形空间格局，这是城市空间形态扩大和郊区化发展的必要前提。长沙目前的商业空间体系基本上还是以五一广场为中心，属于树枝状结构形式（图5-5），但随着其他区域商业中心区的不断发展，特别是东塘商业中心的大型综合购物中心集聚度增强，商业空间体系已经开始向串珠状网络方向发展。

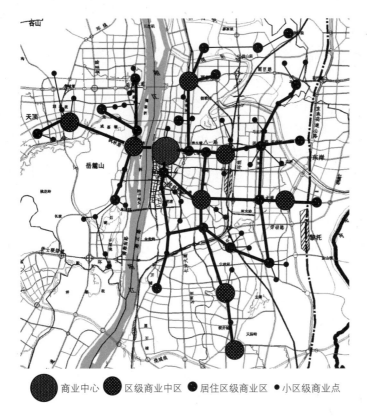

● 商业中心　● 区级商业中区　● 居住区级商业区　• 小区级商业点

图5-5　长沙城市商业空间体系结构

资料来源：作者根据实地调查资料整理。

②大型综合购物中心与商业空间、零售业态结构的演变周期

大型综合购物中心通过自身的核心作用影响商业空间类型、其他业态形式与业态结构演变周期，最终对城市空间结构产生影响。1985年至今，长沙城市空间中的五一广场、袁家岭、东塘、火车站、荣湾镇、伍家岭六个商圈都经历了兴衰轮换的过程，大型综合购物中心的发展和衰退都伴随着每一次商圈的发展和演变。在第一次"商战"过程中，由于袁家岭和东塘商圈中百货大楼的规模效应远远大于其他商圈，这两个商业空间便成为城市空间中最繁华的地方之一，位于中山路上的中山路百货大楼1987年曾经进入全国百强商场行列，成为带动附近零售商业发展的重要动力，五一广场商圈在第一次商业大发展的过程中由于没有与其他商圈相匹敌的大型百货商店而落后了。1993年中山商业大厦建成开业，又成了推动五一广场商圈大发展的重要因素，随后设立五一广场商业特区，东汉名店、新大新、万代购物广场和平和堂商厦相继建成开业，集聚规模第一和新业态形式的大量产生是五一广场商圈成为长沙第一级商业中心的主要原因，2000年以前，其他商圈由于业态结构没有更新，迅速退出了与五一广场商圈竞争的行列。2001年新一佳大型综合超市进入东塘商圈并赢得良好的经营效益，步步高和家润多大型综合超市、国美家电大卖场等大型综合购物中心在东塘商圈落户，改变了商圈的业态结构，当时新零售业态集聚规模仅次于五一广场商圈，因而使东塘商圈迅速摆脱衰落的趋势成为发展最快的区域商业中心。1996年，"商业五虎"之一的晓园百货大楼倒闭使火车站商圈发展停滞，但阿波罗购物中心、新一佳和家润多大型综合超市的进入又使火车站商圈重新发展成为东部的区域商业中心。通程购物广场和新一佳大型综合超市是河西荣湾镇区域商业中心形成的主要因素。从上述商圈的发展过程可以看出长沙市大型综合购物中心与其所处主要商业空间节点的兴衰之间的关系。

（3）集聚对其他城市功能要素的作用机制

①集聚居住空间

从上述商业空间扩展与城市化和居住空间发展的关联效应来看，大型综合购物中心周边是聚集商业居住空间的重要因素，即使在城市中心地带也不例外。从长沙城市大型综合购物中心空间分布与商品房开发和销售情况比较可以看出他们之间有着内在的联系，位于中心区的芙蓉区商圈集中度最高，商品房楼盘的开发量和销售面积也比其他区域效益大（表5-3）。从表5-2和5-3中可以看到高校集中、教育产业大发展、大学城建设、环境优美的区位特征使岳麓区成为近年来商业和居住空间发展较快的区域。

2005年长沙市主要点状集聚区域零售业态情况　　　　　表5-2

	大型综合购物中心名称	业态类型	业态规模（万m²）	备注
五一广场商圈（中心）	平和堂商厦	商业建筑综合体（百货＋大型综合超市＋商务办公＋娱乐健身＋餐饮）	11.5（5+6.5）	日资平和堂
	王府井商厦	购物中心（百货＋大型综合超市＋娱乐健身＋餐饮）	6	王府井集团
	万达沃尔玛购物广场	购物中心（大型综合超市＋专卖店＋饮食服务）	4.98	万达集团
	春天百货（中山商业大厦）	商业建筑综合体（精品百货＋商务办公）	5.8（1.8+4）	友阿集团
	锦绣大厦	商业建筑综合体（精品百货＋商务居住）	5（1+4）	友阿集团
	黄兴路商业步行街	商业建筑群体（精品专卖＋大型综合超市＋家居用品）	11	三木集团
	金满地地下商业街	地下商业街（精品专卖）	2.7	—
	新大新时代广场	商业建筑综合体（精品百货＋商务居住）	5	新大新集团
	铜锣湾商业广场	商业建筑综合体（精品百货＋大型综合超市＋商务办公居住）	10（5+5）	深圳铜锣湾集团
	东汉名店购物广场	商业建筑综合体（精品专卖＋酒店）	5（1+4）	科文集团
五一广场商圈大型综合购物中心营业面积小计（万m²）			43.48（不含居住办公部分约23.5）	
袁家岭商圈（中心）	阿波罗商业城	百货	2.2	友阿集团
	友谊商店	百货	2.4	友阿集团
袁家岭商圈大型综合购物中心营业面积小计（万m²）			4.6	—
火车站商圈（东部）	阿波罗商业广场	购物中心（百货＋大型综合超市）	5	友阿集团
	家润多千喜店	大型综合超市	0.65	友阿集团
	新一佳	大型综合超市	1	新一佳集团
	朝阳路电器城	专业大卖场	0.5	
	国储电脑城	专业大卖场	0.52	
	合峰电脑城	专业大卖场	0.5	
	国际IT城	专业大卖场	3.6	
	金苹果大市场	专业大卖场	2.2	
	国美电器	专业大卖场	0.6	
火车站商圈大型综合购物中心营业面积小计（万m²）			14.57	—
东塘商圈（南部）	友谊商城	百货＋大型综合超市	2.4	友阿集团
	通程东塘百货	精品百货	2	通程集团
	步步高国美	大型综合超市	1.7	步步高集团
	家润多赤岗冲店	大型综合超市	1	友阿集团
	新一佳	大型综合超市	1.38	新一佳集团
	通程家电超市	专业大卖场	1	通程集团
东塘商圈商圈大型综合购物中心营业面积小计（万m²）			9.48	—

续表

大型综合购物中心名称	业态类型	业态规模（万m²）	备注
荣湾镇商圈（西部） 通程商业广场	购物中心（百货+大型综合超市）	7.26	通程、新一佳
新外滩商业广场	购物中心（百货+大型综合超市+专业大卖场）	2.6	步步高集团
国美电器	专业大卖场	0.5	国美
通程电器超市	专业大卖场	0.6	通程集团
荣湾镇商圈商圈大型综合购物中心营业面积小计（万m²）		10.96	—
伍家岭商圈（北部） 维多利购物中心	购物中心（百货+大型综合超市）	1	—
泰阳商城	专业大卖场	1.78	—
新一佳	大型综合超市	1.38	新一佳集团
普尔斯马特	会员制综合超市	2	普尔斯马特
麦德龙	仓储式超市	4.7	麦德龙
伍家岭商圈商圈大型综合购物中心营业面积小计（万m²）		10.86	—

资料来源：作者根据实地调查资料整理。

长沙大型综合购物中心与商品房开发情况 表5-3

	项目	单位	芙蓉区	雨花区	天心区	岳麓区	开福区
1	大型综合购物面积合计	万m²	141.71	130.68	59.76	36.72	34.47
2	2003年商品房销售面积	万m²	37.98	—	37.03	26.54	—
3	到2005年8月开发楼盘数	个	88	59	41	50	39
4	2005年5月商品房销售价格均价	元/m²	2676	2462	2683	1928	1996
	其中：最高价	元/m²	5000	3900	3500	3500	3100
	最低价	元/m²	1435	1270	1870	1800	1400

资料来源：作者根据长沙市统计年鉴、长沙房地产信息网、长沙市建委和长沙市城市建设综合开发协会统计资料整理，"—"为没有数据。

一项调查表明，长沙的城市居民对超市的态度走过新鲜、平淡的简短过程后，依赖心理便开始日益加深，以至于提到买东西，很多人就想到了超市。现在不论人们买房还是租房，都要考虑购物环境，其中超市是一大"要件"[1]。有些大型综合购物中心周边居住小区的售楼书中更是直接用"将超市搬到家门口"和"距离某某超市若干米"的广告用语。从中可以看出大型综合购物中心对住宅业的区位选择、开发模式、价格定位都起到了很大的作用。

---

[1] 艾尚辉，一项调查显示长沙人渐成超市购物狂.（2003-7-21）[2005-08-07] http//: www. rednet. com. cn.

②集聚与城市居民消费时空结构

商业活动包括各种商业业态的区位、规模、商品种类、经营方式、组织方式、促销手段和创新能力等。购物活动与此对应是指商业活动中的需求方即消费者的行为类型，这包括消费者购物决策过程、购物地点选择及其空间特征、购物出行方式、消费者购物偏好、消费者的社会经济属性特征等方面。影响消费者购物活动的因素有多样，包括居民的性别、年龄等个人属性和职业-家庭结构、民族、教育程度等社会属性、商业设施及其分布状况、可供选择的交通工具、有关商品和流行的信息传播等。可以肯定，在市场经济日趋成熟化和城市居民消费日益多元化的今天，能否最大限度地满足消费者的消费偏好，快捷、有效、连续地完成销售活动已经成为商业经营成败的关键。

大型综合购物中心集聚从几个方面可对消费者的购物行为产生影响：a 不同类型和规模的业态集聚方式形成不同的商业空间结构层次，满足不同层次消费者对购物活动和城市物质环境方面不同的需求。大型综合购物中心是集聚程度最高的商业空间，也是形成最高级别的商业中心，它可以提供最高等级的商品、最好的购物环境、最多种类的商品服务，满足高档次商品消费者特殊购物活动的需要，其他级别的商业中心则可以满足不同消费层次人群购物活动的需求；b 集聚产生的竞争效应使业态的经营规模不断扩大，经营内容增多，产生的关联效应也不断增加，这是引导消费者多目的购物行为产生的直接因素。大型综合购物中心的集聚使消费出行时间加长、无目的性购物和购物量增加，对交通工具的依赖加大。消费者购物主要增加了"逛"、"看"和"休闲"的成分。"点"状集聚加大了对消费者的吸引力，"带"状集聚提供了"逛"、"看"和"休闲"的物质空间。同时，消费者的购物比较行为也大大增加。由于购物时间延长，大型商业中心附近和购物中心内部形成的娱乐、饮食和休闲空间，使原来的纯购物行为演变成休闲购物和多目的购物行为。c 集聚产生的竞争导致各种商业业态不断延长经营时间，这是城市"假日经济"和"夜间经济"产生的重要原因之一。d 业态集聚的规模和类型不同形成的商圈范围不同，它影响了消费者对出行方式、消费商品结构和购物活动空间范围。e 集聚的竞争性导致了业态空间和业态形式的扩散，业态空间上的扩散使消费者的购物活动空间增大，而业态形式扩散形成新的业态类型和消费方式。

③集聚与城市消费圈

大型综合购物中心的集聚除了对形成商业中心区产生影响外，还在城市空间中形成不同层次的"消费圈"。"消费圈"不同于"商圈"的概念，

"商圈"即顾客愿意购买某种商品或劳务的最大行程，此距离决定了某个商店市场区域的边缘界限。当一些同等档次的大型综合购物中心在城市空间的特定区域不断集聚时，就会形成一个相应层次的"消费圈"。如以销售高档次商品的大型商业中心集中的地方，常常是社会中收入和地位相对较高的人士聚集的区域，还会集聚一些高档饮食、娱乐、休闲和居住的空间，而选择去消费圈的人是为了感受社会的高层次文化效应，因此，可能并不一定是去购物或不一定是本城市、本地区的人。这样就使商圈逐渐演变成消费圈。同时，消费圈的形成往往还与地域特有的文化相联系，产生一定的商业衍生文化效应，借助旅游业的发展，使消费圈的范围扩大到世界的范围。例如上海的"新天地"和长沙的五一广场"商圈"等，已经完全不是一个以本地区或城市为主要消费对象的商业中心区，它的消费圈范围已经形成全国或世界级的层次，并随着服务业的不断发展而进一步扩大。还有城市周边的家居建材专业大卖场，也属于高层次的消费圈，它们的消费者往往也是跨区域的。

从消费圈的层次来看，也会形成高、中、低三个层次，高层次的消费圈将主要由多业态形式、大规模的大型综合购物中心组成，中等层次的消费圈主要有一个或两个中等规模、销售中等档次商品为主的大型综合购物中心组成，往往是以本城市或区域的顾客为主，而低层次的消费圈则是多由单个的大型综合购物中心为核心。中低层次的消费圈往往与其商圈相重叠，不会形成明显超过商圈的消费区域。

④集聚与政府的城市发展政策

首先，从地租竞价理论可以看出，大型商业房地产投资是推动城市中心区经济发展的重要因素。我国加入WTO后，引进外来的大型零售企业是城市地方政府发展地方经济、更新零售业态形式、改善商业空间结构、增加城市竞争力的主要方法之一。其次，目前的中国的城市经济仍处于资本推动型和外向带动型阶段❶，对于想在城市与城市、地区与地区的竞争中处于领先地位的城市地方政府来说，大型商业房地产投资，特别是外来投资则是地方政府优先引进的项目。同时，为这些项目所配套的道路交通以及城市基础设施也成为优先发展的对象。所以，在城市发展过程中，大型综合购物中心的集聚在一定程度上影响了政府有关部门的城市发展政策。第三，为启动消费拉动经济增长和满足人们日益提高的生活水平的需求，商业和旅游业的发展是影响国家做出双休和节日长假制度的主要因素。在所有这些城市发展政策的

❶　倪鹏飞. 2002年的中国城市竞争力报告[M]. 北京：社会科学文献出版社，2003.

形成之前，大型综合购物中心集聚所产生的能量已经被地方政府充分地认识到了，同时，为应对加入WTO后外资大型零售企业进入带来的商业竞争，政府的商业和城市发展政策则更加进一步促进了大型零售业态的集聚。

（4）集聚对城市CBD产生和发展的作用机制

中央商务区（Central Business District）简称CBD，现代意义上的商务中心区是指集中大量金融、商业、贸易、信息及中介服务机构，拥有大量商务办公、酒店、公寓等配套设施，具备完善的市政交通与通信条件，便于现代商务活动的场所。商务中心区不仅是一个国家或地区对外开放程度和经济实力的象征，而且是现代化国际大都市的一个重要标志。CBD的建设虽然不同国家、不同城市有其不同的特点，但大多数城市都经历着从小商业点（以商业为中心）——传统商业中心（商业、办公业混杂）——现代（以商务办公为中心）这样一个由初级向高级过渡的过程。CBD发展的初期主要是以商业为中心，兼有仓储业、批发业、服务业、娱乐业等城市功能为主，往往多项功能高度集中，并且也是城市的功能中心，因而在北美一带也称其为"DOWNTOWN"。随着城市的进一步发展，商业、办公等城市功能的过分集中会导致用地紧张，人口过于集中，交通拥挤，建筑十分密集等诸多的缺陷。因而办公等商务功能应逐步脱离城市的功能中心。随着城市产业信息化、商贸化和金融地位的持续提高，要求城市提供更多环境良好的商务空间时，城市外围地区将产生大规模集中化的商务空间。20世纪80年代国外许多CBD扩展表现出突破原有结构的趋势，甚至从区位上脱离城市中心区，从而使中央商务区（CBD）概念已经区别于城市中心区（DOWNTOWN）、中心商业区（CRD）的概念（图5-6）。也就是说，大型综合购物中心与商务办公空间集聚的空间区位重叠时，将产生商业中心（CRD）和办公服务（CBD）中心混合型的城市中心区；当两个功能要素集聚的空间区位不重叠时，将分别产生商业中心（CRD）和办公服务（CBD）中心分化型城市中心区以及办公服务（CBD）中心脱离城市中心区的空间结构形式。

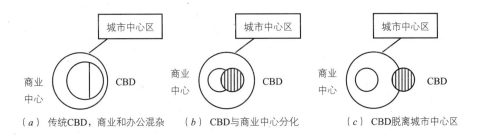

图5-6 CBD与城市中心区关系图

资料来源：黄亚平，城市空间理论与空间分析，东南大学出版社，2002.5.

目前，CBD概念包括两个方面：一是以专门化商务办公区为特征的CBD（主要是区域性或全球性特大城市的商务中心）；二是国内区域性或地区性城市的商务中心区，这种商务中心区可能是在原有中心区商业中心的基础上发展起来，具有混合中心的特点，但已经或正在向商务设施主导功能方向转变❶。

可以看出，大型综合购物中心集聚形成以零售商业为主的中心区是我国大部分城市空间的结构特征，所以，我国大部分城市的中心区是一种传统的CBD结构形式，零售商业部分占主要作用。

长沙最主要的商业中心是以五一广场为核心的点状集聚区域以及由五一广场、袁家岭、东塘三个商圈沿五一路和韶山路形成的带状区域。这个区域自1998年后商业集聚的关联效应不断产生，各种高档次的写字楼、银行、星级酒店、文化娱乐设施云集，形成较为典型的混合型城市中心区CBD形式。目前，芙蓉区是大型综合购物中心集聚程度最高的区域，也是商业活动最频繁的区域，极大地推动了其他城市功能要素的发展，特别是商务办公空间的发展。目前，已经有70多家支行以上的银行机构；200多处金融网点和大量证券公司、保险公司和商务楼宇。《长沙市总体规划（2002~2020）》中规划的长沙商务中心区的范围约4平方公里，其中80%的面积位于芙蓉区，大型综合购物中心的集聚是芙蓉区设想演变为长沙城市CBD的主要因素。

从长沙商业空间的发展来看，20世纪80年代中期到90年代初，五一广场商圈与黄兴路作为传统的商业中心。由于业态规模和形式方面的原因，渐成式微之势，虽然中山商业大厦雄立其间，但鹤立鸡群，孤掌难鸣。1995年，平和堂商业大厦立项，并且选定五一广场东南角为地址，这给五一广场的改革带来了契机。市委、市政府成立了"五一广场商业特区"领导小组并对五一广场进行规划。平和堂商业大厦作为引进的第一个项目，自立项起便带来新气象，当时的中山国际大厦（现为友谊名店一部分），便卖到长沙有史以来的最高价：1.5万元/m²。1998年11月8日平和堂商业大厦开业第一天便达到日营业额300多万元，相对而立的中山商业大厦日营业额在人流带动下也大幅抬升，使沉寂的五一广场人流每天达10多万人次。与此同时，过去对五一广场持观望状的投资商，开始快速出手，抢占码头，东汉名店广场、万达广场、新大新时代广场、锦绣大厦等楼盘陆续抢滩五一广场，地价扶摇直上，东汉名店卖到了3万多元/m²的高价。五一广场商圈是在政府政策引导下发展起来的，成立商业特区后，迅速集聚了多个大型综合购物中心，由于大

---

❶ 吴明伟等. 城市中心区规划. 南京：东南大学出版社，1999.

型综合购物中心的新业态形式、商品类型和定位、购物环境，特别是设立了长沙市第一个大型综合超市，较好地适应了潜在的消费者行为特征和需求，最后迅速发展成为市一级的商业中心区。

另外，由于大多数消费者的消费特点就是"货比三家"，因此，在一个商圈内同时集聚多个同类型大型零售业态形式是长沙商业空间集聚的主要特点，较好地引导和适应了长沙城市居民分群的特点。例如，五一广场商圈就集中了长沙市所有的6个大型商业建筑综合体、5个大型商业中心中的3个和4个大型综合超市。这样的集中程度，必然成为消费者出行的首选目的地。东塘商圈集中了16个大型综合超市中的4个和2个家电专业大卖场，新零售业态形式的集聚程度仅次于五一广场商圈的商业中心，成为生活用品和家用电器消费的第二大主要出行目的地。大型综合购物中心的集聚程度是影响消费者出行频率的重要因素，而消费者的消费出行频率和消费特征反过来又进一步促进了大型综合购物中心的集中，两者相辅相成。

2）扩散对城市商业空间结构域形态的作用机制

（1）扩散对城市空间结构与形态的作用机制

①扩散与城市的空间结构与形态

从大型综合购物中心空间区位的扩散与城市化发展的关系中我们可以认识到：首先，商业空间与居住空间的共同发展是城区空间向外扩展的动力之一；其次，由专业大卖场形成的商业空间在城市周边的带状空间是城区空间向外扩展的动力之二；第三，商业空间扩散的方向也是城市空间扩散的主要方向。因此，在集聚对城市空间集中发展产生作用的同时，扩散对城市的分散发展起到重要的推动作用。此外，我们可以从扩散对空间结构的五大构成要素（节点、梯度、通道、网络、环与面）的影响来研究扩散对城市空间结构的影响机制：a 大型综合购物中心的扩散主要从集聚的商业空间节点和带状区域沿城市主要交通线向外延伸，在一定的零售引力断裂点以外的边缘区域形成城市空间新的人流、物流和车流的集聚点。但这种扩散受到零售企业选址方法的影响，在一定的城市中心区范围内，扩散不会产生空间类型和级别相同的商业中心。按中心地理论，商圈和起点是零售业态在空间区位选择方面的两个主要因素，在家用小汽车普及率不高的情况下，人口密度也是零售业态选址的重要因素。因此，商业空间的扩散根据商圈范围、人口数量和人口密度情况出现分级，越是向外，人口密度越低，商业空间的级别越低。只有扩散的商业空间中的业态服务类型和形式出现新的内容和变化时，才会出现新类型的商业中心区，如图5-6中（b）所示的以商务办公服务为主、商业零售为辅的**CBD**中心区，这是商业中心区空间结构真正分化的结果。城市中心区空间将开始产生多中心结构。长沙的商业空间与商务办公空间的空间分布基本上还处于混杂阶段。b 扩散后形成的商业空间节点往往与集聚的空间区域不一定有直接的通道连接，而且扩散产生的新的集聚会形成新的次一级的通道网络，这种网络等级结构的连接越多，城市商业空间之间的可达性就越好，越有利于最终形成面状的商业区域。而树枝状的通道结构越多则将不利于面状商业区域的形成。c 零售业态结构形式的扩散不会形成新的城市商业中心区，尽管这种扩散后形成的集聚规模有时会很大，但受消费方式和出行频度的影响，只会形成城市边缘的零售园区和带状商业空间。

②扩散与城市空间结构类型

由于目前我国大部分城市大型综合购物中心的扩散是一种蔓延式发展，而不是像发达国家和我国发达地区一样出现跳跃式发展的空间模式。主要原因是受城市经济、道路交通和小汽车普及率发展的限制。因此，大型综合购物中心中Shopping Mall等与日常生活关系密切的大型综合零售业态形式在短时间内不会出现在城市远郊，反而会在城市中心区集中，由于地租效应和商品结构特点原因，新的专业大卖场则向城市周边区域扩散并重新集中，围绕着城市中心区发展为带状的商业空间，形成新的集中式城市中心区发展模式（图5-4）。

长沙大型综合购物中心的扩散主要以大型综合超市为主，因此，还不能形成城市空间由单中心结构向多中心结构演变有效的能量。商业空间扩散存在着不均衡的特点，也影响了长沙城市空间发展均衡性。

（2）扩散对城市市场空间结构的作用机制

①扩散与城市商业体系空间结构

在城市中心区，大型综合购物中心的扩散强度越大，则高级别的商业空间节点就越多，并将形成更多的区域级、社区和邻里级的商业中心，高级别的商业空间节点之间的通道将更容易形成商业街和商业带。而大型综合购物中心向城市边缘区域的扩散将形成郊区新商业带和专业化商业区，这种郊区商业带是新零售业态重新产生集聚效应的商业空间，随着城市经济和道路交通的发展以及小汽车普及率的提高，将最终从规模上形成对城市中心区的商业中心的竞争压力，使中心区相同的业态形式被其他更合适的零售业态形式所代替。长沙大型综合购物中心中以前都有家具卖场，而且市中心还有很多家具专卖店。由于地租效应原因和寻求更大的场地以便更好地展示商品，以家具为主的零售商店开始在城市边缘或更远的区域扩散，更多的消费选择和更优惠的价格，使郊区以家具用品为主的专业大卖场成为新商业集聚节点，形成了以专业大卖场为核心零售业态的商业中心，城市中心区的家具专卖店则迅速萎缩或消失。目前，由于家庭装修行业的迅速发展，家居用品又从百货类大型商业中心中分离出来形成新的一轮扩散，并与建材、家具用品一起重新形成集聚效应，使城市市场空间结构更加专业化和规模化。

②扩散与商业空间、零售业态结构的演变周期

长沙零售业态空间与形式上的扩散刚好是在百货业态形式进入衰退时期开始的，这预示着新的一轮商业空间和零售业态结构演变周期的开始。新的零售业态形式在进入市场的初期就不断与传统的百货商店相结合，产生了多种购物中心的新形式，如形成高层商业建筑综合体、"万达模式"的商业地产形式、以百货商店和大型综合超市为主力业态构成的Shopping Mall和步行商业街等。近期，零售业态形式扩散产生新的专业化大卖场，开始形成多元共生和专业分化的趋势，而且专业化的规模还在不断扩大。目前，这种扩散与集聚共生于同一城市空间中，说明商业空间和零售业态结构的发展还处于上升的时期，是一个创新与成长共生的时期，业态结构形式的扩散迅速，也就是家电、家居用品、汽车及汽车配件专业大卖场等新零售业态形式的迅速发展也显示了长沙零售业态结构演变处于上升的阶段。

（3）扩散对其他城市功能要素的作用机制

①扩散与居住空间

受汽车普及率和道路交通发展的限制，目前我国大部分城市中的大型综合购物中心扩散与居住空间的郊区化趋势相辅相成、互有先后。按国外大型综合购物中心的发展过程看，当城市经济和城市化发展到一定阶段后，大型综合购物中心将不一定与居住空间共生，而是与区域城市的发展相关，也就是开始产生区域性的大型综合购物中心，城市居住空间开始真正产生远离城市中心区的郊区化趋势，这时，城市空间结构将开始产生较大的变化。但我国城市化的特殊性决定了，短时间内不可能出现像美国那样的低密度郊区化和依赖家用小汽车大规模普及的商业空间模式，我国城市居民的消费行为和习惯、工作和生活时空间特点也决定了特大型区域性综合购物中心的产生还缺乏环境基础。所以，我国的大部分城市中商业空间的扩散以大型综合超市为主，它与城市郊区或边缘区域的居住空间共同联系紧密，这是城市边缘区域空间结构与形态的主要影响因素。只有少数城市如北京、上海和深圳等开始出现区域性的大型Shopping Mall，但目前经营效益一般。

②扩散与消费的时空间结构

20世纪80年代中期，在购买衣物、大型重要商品方面，城市中心区和距

家一定距离的大中型百货商店已成为居民主要的购物场所，根据近年来有关专家对消费者购物出行频次、出行率、出行方式等方面的研究，业态空间和结构方面的扩散已经使区域性的大型综合购物中心在城市居民的生活中所占的地位和作用不断上升。

AC尼尔森发布的"2002年购物者趋势调查"结果显示：越来越多的中国购物者在购买日用品时由以前的传统业态转而选择现代业态，超市和大卖场日益成为购物首选，随着超市、大卖场和便利店的飞速发展，消费者越来越多地选择到现代业态去购买日用品。80%的中国消费者每周光顾的是超市或者大卖场，而同等比例的消费者在这些场所的日用品支出超过了其他渠道。消费者在陈述选择门店的要素时提到5项主要指标，即便利的地点，一站式购物，新鲜、可以即时食用，现代化的、高效率的购物过程，提供额外的服务，以及24小时营业。上述5项要素归根结底就是两个字："便利"。大型综合购物中心空间区位的扩散同样引导和满足了这种消费行为的需要。

长沙商业空间与业态结构扩散主要是以大型综合超市、专业大卖场为主，2001年以来，这种空间和结构上的扩散发展迅速，人们已经开始习惯在居住地附近的大型综合超市购买日常用品，而不是去较远的商业中心或百货商店。家电、家居用品专业大卖场的出现，又一次将新的消费方式和场所推到了消费者面前，更多的选择、更低的价格、更好的售后服务以及可以将某类型商品一站式购齐的特点是这种类型的专业大卖场成为继超市出现以来又一个发展最为迅速的新零售业态形式。目前，长沙城市居民购买家用电器的主要场所是家电专业大卖场、购买家庭装修用品则主要是家居建材专业大卖场。2005年，"农改超"使得大型超市型农贸市场开始出现在城市中心区，正开始逐步取代中心区的农贸市场，将对零售业态结构、城市居民的消费行为和方式产生新的影响。可以说，零售业态结构形式扩散对消费时空间结构的影响也是显而易见的。

5.1.3 商业用地与城市商业空间结构

商业用地是城市商业活动和商业功能的高度聚集的物质基础，是城市商业体系的重要组成部分。自2012年实施的城市用地分类与规划建设用地标准商业用地包括了零售商业、批发市场、餐饮和旅馆，根据地租理论，其中零售商业用地是商业用地地理区位和经济价值最核心的体现，集中反映了商业用地的发展规律。

本节选择长沙2010年已审批的17个规划综合管理单元作为研究区域，其范围包括中央商务片区、南湖片区、东塘片区、新河片区、高桥片区、马王堆片区、省府片区、植物园片区、隆平高科片区、新世纪片区、金霞片区、捞霞片区、大托片区、环保工业园片区、市府及滨江新城片区、谷山片区、高新东片区（图5-7）。

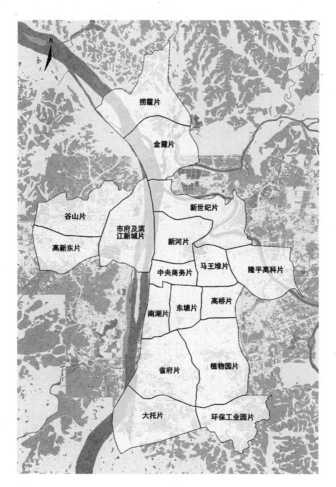

图5-7 长沙17个综合管理片区区域界线图

资料来源：作者根据《长沙市城市总体规划（2003～2020）》（2010年修订）绘制。

1）商业用地的空间聚集

2000年，商业用地数量在中央商务片区的比重较大，其次为南湖和东塘片区，五一广场商圈作为长沙最早的商业中心聚集了大量购物中心与商业建筑综合体。到2009年，商业用地数量的比重虽然还是中央商务片区最大，但中央商务片的商业用地数量变化值减少，而植物园片区、省府片区的商业数量增加较多，说明商业用地数量的聚集已从中央商务片区扩散至其他片区（图5-8）。

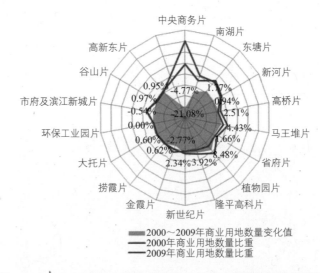

图5-8 2000～2009年以综合管理单元划分的商业用地数量统计图

资料来源：作者根据《长沙市城市总体规划（2003～2020）》（2010年修订）绘制。

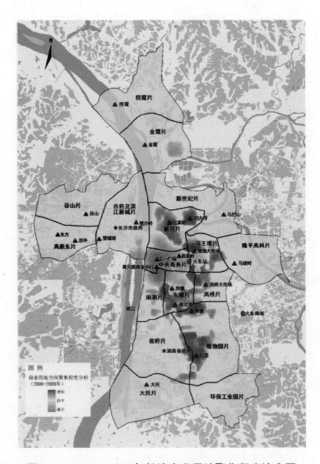

图5-9 2000～2009年长沙商业用地聚集程度演变图

资料来源：作者根据实地调查资料整理。

2000～2009年，长沙商业用地空间聚集度增加明显的区域为新河片的伍家岭和四方坪、马王堆片的南湖大市场周边、高桥片的高桥大市场周边、东塘片的东塘和雨花亭及植物园片的红星和雅塘；中央商务区的五一广场、袁家岭、火车站聚集度明显减少（图5-9）。

2）商业用地规模变化

2000年，中央商务区的商业用地总规模占总量的18.75%（图5-10），至2009年，中央商务区的商业用地总规模仍然最高，但商业用地规模增加量基本没有什么变化，增加量最多的依然是植物园片区，由于省政府的南迁以及长株潭城市群建设的加快，长沙市的商业用地不管从数量上还是规模上都出现了向南聚集的趋势。

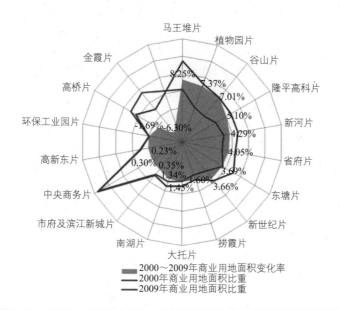

图5-10　2000～2009年以综合管理单元划分的商业用地规模统计图

资料来源：作者根据《长沙市城市总体规划（2003～2020）》（2010年修订）绘制。

2000～2009年，中央商务片的商业用地规模无明显变化，商业用地规模的增长主要出现在马王堆片、植物园片、隆平高科片和新河片（图5-11），其商业用地面积的变化率分别为8.25%、7.37%、5.01%和4.29%。谷山片区是长沙边缘区商业用地规模涨幅最大的区域，面积变化率为7.01%。

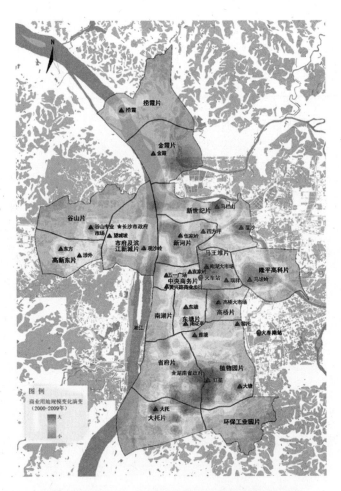

图5-11　2000～2009年长沙商业用地规模演变图

资料来源：作者根据实地调查资料整理。

3）商业用地对城市商业空间结构演变的影响机制

（1）经济发展与地价攀升

长沙的城市经济发展在中西部主要省会城市中处于中上水平，长沙的年人均可支配收入和消费支出都排在全国的前列。城市经济发展水平制约着城市居民的消费观念与消费行为，较高的消费水平刺激商业的不断发展。2000～2005年，中央商务片和东塘片逐步完成大规模改造，商务办公职能得到强化，商业的集聚程度大幅提高，地价不断攀升导致竞争加剧。在长沙中心区人口疏散、郊区商业蓬勃发展分流消费者、房地产市场出现大跃进（2005～2008）的趋势下，中央商务区商业设施趋于饱和并有下降的趋势，而郊区商业设施分布密度低，竞争环境宽松，土地价格相比市中心要低，在成本因素驱动下，许多商家倾向于在周边片区乃至城市外延片区发展。

（2）行政区划调整与城市规划引导

2007年12月，国务院批准长株潭城市群为"两型社会"改革试验区，长沙的城市空间结构重点明显开始向东部和南部扩展。2008年，长沙进行行政区划调整，河西成为扩容的主角，政府除了发展高新技术产业（高新东片区和谷山片区）外，在包括市府及滨江新城片区的范围内将重点打造中心商贸区，加快Shopping mall、大中型超市、专业市场等项目建设。行政区划的调整为长沙市商业经济圈的发展形成了一定的拉力。

2004年湖南省政府从中央商务片区南迁，2007年长沙市政府搬迁至河西的市府及滨江新城片区，卓有成效的引导了城市的发展走向。土地价格及税收等方面的优惠及补助，在很大程度上促进了省府片区、植物园片和市府及滨江新城片区的商业空间集聚。

（3）人口分布的空间重构

根据人口普查数据显示（表5-4），2000～2010年，长沙市中心区的人口密度从2.76万人/km^{2}下降到2.47万人/km^2，郊区及城市边缘区在十年内增加了近80万人。出现中心区人口下降，郊区人口快速上升，消费人口从中央商务片区逐渐向外扩散，连锁超市和专业卖场在郊区迅速发展。最初在2000～2002年，两个大型综合超市布点长沙东部和南部，在城市郊区形成了不同于传统百货商店的商业空间格局，吸引了零售业向郊区的扩散。可见，郊区及城市边缘区是长沙人口逐步增长的主要集聚地，也是零售商业布局的主要发展方向。

2000～2010年长沙市人口分布变动情况				表5-4
	2000年		2010年	
	总人口（万人）	人口密度（万人/平方公里）	总人口（万人）	人口密度（万人/平方公里）
城市中心区	46.84	2.76	41.82	2.47
城市边缘区	165.44	0.31	241.30	0.45
郊区	146.11	0.0435	150.31	0.0448

资料来源：作者根据《长沙统计年鉴》整理。

（4）城市道路交通的快速发展

长沙中央商务区拥有着成熟的商业环境、优越的区位和庞大的商业企业集聚规模，其中百货零售业份额在全市占据80%以上。零售商庞大规模的集聚促使了中央商务片区的繁荣发展，但也带来了交通流向的单核心指向，因此，交通拥堵、交通流向混乱、旧城区功能的整合程度差也成为中央商务区零售商业发展的瓶颈。近年来，伴随二环线、营盘路过江隧道、月亮岛和湘府路过江大桥的建成通车，芙蓉路、韶山路的南北贯通，长沙形成了较为完善的交通系统网，成为社会经济要素布局的骨架。商业活动空间开始向西、东、南发展，将进一步吸引零售业向远郊区扩散，并在城市二环边缘地区，形成了众多大型专业综合市场（如建材、家具和家居用品）的汇聚。2009年正式运营的武广客运专线新城区和商圈的形成，也发挥着一定的聚集和辐射作用。

5.1.4 人口与商业空间结构

人既是生产者，又是消费者。人口的消费需求是商业发展的直接拉动力，人口分布空间结构和消费的变化直接影响商业空间结构的形成。人口和商业作为城市空间发展中最为活跃并对城市空间发展格局变化产生重要的影响，二者关系密切。认识城市商业空间结构与人口分布之间的相关性可以帮助人们提高合理部署商业网点的自觉性，使商业空间发展的基本趋势适应人口分布的变化，防止商业企业盲目发展，重复建设，经营混乱，分布重叠等问题。有利于在市场经济条件下更好的发挥城市规划的导向作用，减少商业设施空间分布的非合理性与不完善性，优化城市空间结构，合理布置城市功能，逐步建立与长沙市经济发展、城市建设相适应，布局合理，功能齐全，统一开放，竞争有序的城市现代商业空间结构体系，促进城市空间结构可持续发展。

研究人口与商业空间结构的相关性，能够清晰的反馈商业网点规划的实施过程和实施效果，对现行商业网点布局规划进行有效的评估，对规划提出调整和修正的建议，从而将商业网点规划导向正确的方向，引导人口与商业空间结构进入协调发展状态，增强规范的指导性。

1）人口密度对城市商业网点布局的影响

人口密度、消费购买力是决定商业区位优劣的重要因素之一，商业企业为了追求利润，往往将商业布置在人口分布集中区域，商业选址追随着人口重心。所以大部分购物中心集中在人口密度较高的外环线内，外环线以外的区域只在几个人口密度高值中心分布购物中心。大型商业网点分布与高人口密度区相吻合，城市人口分布的空间形态是大型商业网点选址的重要因素。

在市中心区，人口密集，人均消费能力高，消费需求旺盛；在非市中心区，人口相对稀疏，人均消费能力低，消费需求不旺。体现在商业网点布局方面就是：在市中心区，要求商业网点要相对密集，网点的销售能力要强，即商业网点规模要大，数量要少而精，以便满足众多人口的较高消费需求；在非市中心区，要求商业网点密度要低，网点的销售能力不可过强，即商业网点的规模不可过大，网点要多，以适应人口较少，消费需求能力相对较弱的实际。

2）人口数量和结构对业态结构的影响

城市空间结构是城市中各种社会、经济活动在地域上的空间反映。城市中多种因素构成一个相互作用、相互影响的系统，某一要素的变化会引起整体要素组合的变化，从而导致城市空间结构增长过程的偏移[1]。人既是生产者，又是消费者。人口的消费需求是商业发展的直接拉动力，人口分布空间结构和消费的变化直接影响商业空间结构的形成。

（1）人口数量与业态结构的关系

人口数量对零售网点的业态结构有很大影响，不同的人口规模会要求有相应的业态结构与之相配套，按照国外的经验和我国城市发展的实践，人口规模和集聚程度与零售商业网点的配置之间存在一定的对应关系（见表5-5）。

人口规模与商业网点配置对应关系[2]　　　　　　　表5-5

人口规模	商业网点配置要求
达到2000人	设置便利店、生鲜食品店、医药店、书报亭、餐饮店等网点
达到5000人	增设服务类店铺、综合超市等网点
达到2万人	增加设置生鲜肉菜超市、中型超市、各类专业店（如服装店、家电店、医药店、书店等）等购物网点；餐饮店、旅店等餐饮住宿网点；文体娱乐场所等
达到10万人	增加设置大型综合超市等
达到20万人	增加设置社区型购物中心、大型专业店等
达到50万人	增加设置中心购物中心、仓储式商场、大型百货商店等购物网点和场所；各类中高档食肆酒楼、宾馆酒店等餐饮住宿网点；大型文体娱乐设施等
达到100万人	增加设置高级酒店、大型商业中心等

资料来源：我国大中城市商业网点规划影响因素研究。

（2）人口结构与业态结构的关系

人口文化程度结构和人口年龄结构的变化对商业网点消费产品的类型会产生影响。例如根据长沙市第六次人口普查资料，老龄人口由2000年的27.96万人增加到2010年的63.65万人，共增加了35.69万人，增长52.5%，年均增长

[1] 顾朝林, 甄峰, 张京祥. 集聚与扩散——城市空间新论. 南京: 东南大学出版社, 2000.
[2] 王波. 我国大中城市商业网点规划影响因素研究. 兰州: 兰州大学, 2007.

4.8%。因此，老年人用品的消费将呈快速增长的态势。长沙市区共有大专以上文化程度的人口101.4万人（见表5-6），主要分布在岳麓区30.71万人、天心区17.29万人、芙蓉区17.28万人、雨花区21.86万人和开福区14.24万人。岳麓区为大学城，湖南大学、中南大学、湖南师范大学等高等院校云集于此，大专以上文化程度的人数远远大于其他行政区，消费市场主要面向学生和老师。除了岳麓区特殊因素以外，雨花区为大专学历以上人口最多的行政区，大专学历以上人口的平均经济收入相对较高，是高档消费品的重要客源。在进行商业网点规划时，规划部门应对城市的人口结构（文化程度结构和年龄结构）进行调研分析，通过分析我们可以总结出不同消费市场定位，以对将来的商业网点规划提供依据，对市场进行引导。

长沙市大专以上文化程度人口分布（单位：人）　　　　　表5-6

行政区划	大学专科	大学本科	研究生	总计
芙蓉区	87709	76173	8959	172841
天心区	87012	77157	8755	172924
岳麓区	122909	154820	29449	307178
开福区	77315	58693	6412	142420
雨花区	136469	75149	7060	218678

资料来源：根据长沙市统计局编《2011长沙统计年鉴》。

3）消费行为因素对城市商业空间结构的影响

消费者的购物需求、消费结构与消费行为的变化趋势、购物习惯以及购物心理等因素与商业空间结构的形成有着直接或间接的关系，对商业中心体系的等级规模结构、职能结构、空间结构都有很重要的影响。

其一，消费者的不同购物需求体现出不同的购物行为规律，从而影响商业中心体系的空间结构和职能结构。例如，当居民购买耐用的贵重商品时，购物前的思考、决策过程比较长，表现为理性消费，因此对商品的选择性较强，一般不太计较商业中心距离居住点的远近，经常去级别较高的商业中心进行选择购买；而当居民购买少量日用消费品时，购买的思考决策过程较短，表现为冲动性消费，一般会到离居住点较近的社区商业中心或小区的便利店；如果居民购买易耗消费品的数量较大、种类较多时，价格便宜、商品种类丰富、选择余地大、交通便捷的大型商业中心往往受到城市居民的青睐，如长沙市五一广场商圈因业态和商品比较丰富、娱乐场所众多而成为居民进行休闲观光购物的首选地。由此可见，上述不同的消费需求对应着不同级别的商业中心并对其业态分布、高中低档商店的布局搭配产生影响。

其二，居民消费结构的变化直接影响商品需求的种类和档次，进而影响商业中心的业态分布和商业设施的建设。随着生活水平的提高，居民消费结构中发展资料消费和享受资料消费的比重逐渐加大，从而促使高级商业中心的新型商业业态和高档的产品和服务的增多，级别较低的社区商业中心大多满足消费者的生存资料消费，这样就使得城市商业中心体系的等级层次更加清晰。

其三，就消费者消费习惯及心理因素来看，商业中心等级越高，商品种类越全，可供挑选的余地越大，商业中心地等级越低，则反之。这种由于人们对商品不同需求而进行的分类，是商业中心分级布局的基础，也反映了商业中心布局的原始规律。尽管人们是根据出行的目的选择商业中心，但由于居民出行的目的通常不止一个，因此会产生在高级商业中心购买高档产品和进行服务消费的同时，买回本应在小区中心购买的低档商品。高级商业中优越的购物环境和浓厚的商业氛围使人们心情愉悦，消费者对其产生充分的信任和向往，不惜舍近求远来此购物。现代社会生活节奏的加快使许多家庭由"每日购物"向"每周购物"转变，利用周末到最大的零售商业中心采购一周所需的大部分生活用品，这一购物行为的变化也会影响不同等级商业中心地的功能❶。

5.1.5 居住空间变化与城市商业空间结构

城市化是人类为满足自身发展需要而不断潜入、拓展、优化城市，并最终达到城乡一体化目标的历史过程，又叫城镇化、都市化。本节将城市化研究从人口城市化的层面转移至城市空间生产的视野之下。在城市化进程中，作为城市空间主要组成部分的商业与居住空间，其两者发展不仅受到城市交通规划、城市功能分区、社会经济发展以及国家政策影响，而且在不同历史进程中两者相互影响，同时在影响力上不断交替主导地位。

商业空间是都市人的生活方式和生活理想的物质体现，它一般包括宏观的城市总体商业格局和微观的商业建筑的内外部空间环境，本节以前者为主要研究对象。居住空间是"一种由邻里单位有机整合而成的社会空间系统，同时兼具物质空间和社会系统的特征。"这二者是城市最基本的空间类型，也是其中最大量、最重要和最具活力的部分，二者的演化成为城市结构功能

---

❶ 周慧. 体验式购物中心与城市空间结构的互动研究. 长沙: 湖南大学建筑学院, 2011.

变迁的重要反映。

居住与商业空间是居民日常生活与消费的两个主要场所，这两个空间要素的协调发展将优化城市居民的生活品质和道路空间结构状况。长沙居住与商业空间的相关度一直以中心商业区为最高级别的区域，这一方面说明商业网点结构单一化和集中化发展趋势明显，而中心商业区的居住空间商业化趋势在我国的城市中都比较明显和突出，例如将居住用房出租用于商务办公，或者以居住用房名义开发的楼房整体用于商务办公，虽然在分析图中与商业空间相关度高，但分析结果与居民日常生活的舒适和便利度没有太大关系。另一方面说明城市周边的大型居住型楼盘会因商业配套不完善而使日常生活和购物不方便，影响购买者的入住率，从而反过来再影响商业配套的发展和加剧中心商业区的交通压力。

1）居住空间对人口流向的影响机制

社会经济发展和人口增长是城市空间变化的主要驱动因素。城市人口对空间的需求是城市扩张的最初动力❶。对2000、2005以及2010年长沙市总人口与市区居住用地面积的相关性进行分析（表5-7、图5-12），结果表明，长沙市总人口与市区居住用地面积扩张呈高度线性相关，且为正相关，它们之间的判定系数（R^2）高达0.8675。同样，对2000、2005以及2010年长沙市GDP与市区居住用地面积的相关性进行了分析（表5-7），GDP与市区居住用地面积扩张也呈线性正相关，它们之间的判定系数（R^2）为0.7956。由此可见，经济和人口对城市居住用地的变化发展起着至关重要的作用。

2000、2005、2010年GDP和市区人口变化情况　　　　表5-7

分区	2000年		2005年		2010年	
	总人口（万人）	GDP（亿元）	总人口（万人）	GDP（亿元）	总人口（万人）	GDP（亿元）
芙蓉区	39	17.3	43.16	126.31	52.4	585.05
天心区	39.68	11.91	44.81	87.25	47.52	400.61
岳麓区	40.99	15.5	45.53	87.3	80.17	421.09
开福区	42.36	16.21	46.76	98.51	56.71	393.39
雨花区	50.24	17.52	57	99.9	72.4	827.58
市区合计	212.3	78.44	237.3	499.27	309.2	2627.72

资料来源：作者根据长沙市年鉴统计。

---

❶ 谈明洪，李秀彬，吕昌河. 我国城市用地扩张的驱动力分析. 经济地理，2002，35（5）：635-639.

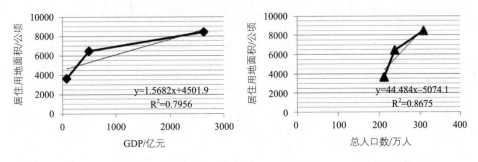

图5-12 长沙市居住用地面积变化与GDP和市区人口的关系示意图

资料来源：作者自绘。

城市居住空间作为承载人类社会、经济和文化生活的重要载体，城市居住空间往往形成一定的规模，一定的规模必然带来旺盛的人气，从而吸引具有相同社会本质的人们前来聚居。在社会空间分异作用下，城市居住空间分异现象已逐步成为中国城市转型期间的主要特征之一。在住宅市场经济体制下，住宅消费者需要根据自己的支付能力以货币从住宅市场购买合乎需要的住宅，因此大城市居民的经济实力和住房支付能力将极大地影响居民对住宅的选择，这些选择包括对居住区位、居住面积、环境条件、交通条件等各个方面的权衡。伴随市场经济带来经济组织的多元化，社会发展同样呈现出多层次的发展趋势，城市不同地域空间地价的变化自然导致房价的地域空间分异，进而反映在住区空间本身的品质和住户的社会经济地位差别上。城市居民的职业、阶层也逐渐分化，进而其社会地位和收入水平出现差异。同时，受各自教育程度以及需求偏好的影响，居民在购买住宅的时候对居住地的区位及品质有各自的追求。目前，人们对居住区位的选择更多的还是考虑生活和交通的便利性，但是社会环境因素的注重度正在逐渐增强，通常背景相似的居民区位选择趋于同类聚居。

在上述社会背景之下，城市居住空间的集聚与扩散影响了人口的重构与分异。在此种客观事实存在的情况下，若任由分异现象继续强化，将给社会和城市的发展带来一系列难以调和的矛盾和社会动乱，这与我国和谐发展的理念相悖。

2）居住空间对城市空间结构的影响机制

居住作为城市的基础性功能，且居住用地在城市建设用地中所占比例最高，因此城市居住空间对城市空间结构的影响较为明显，居住空间区位的演化将直接影响到城市整体空间结构和形态的变化。总而言之，合理的城市空间结构为居住空间的建设提供了良好的发展基础，而居住空间的合理分布和理性建设也有利于良好的城市空间结构的形成。

城市居住空间主要通过旧城改造及郊区化两个方式推动城市空间演进。

旧城改造——功能空间置换以及旧城改扩建直接导致城市中心区空间结构的重构。工业企业大部分外迁，旧区良好的区位条件带来的高附加值带来了高地价和高回报，故经过开发的旧城区一般演变为高容积率的城市居住用地或者金融、商贸、科技信息产业等用地。形成的新居住空间一般成为高级居住区或者商住区，可见，旧城区居住空间的置换彻底导致了城市建成区空间的重构。

郊区化——中国城市的扩展的主要动力来自于郊区化，这个过程主要包括土地置换中外迁的工业企业，郊区新建居住区以及旧城改造中外迁的居住用地。但受到交通条件以及配套建设情况的限制，为解决此问题，城市环城路不断增加，每一新环的两侧又不断发展成新的居住空间。可见，城市居住空间和其他功能的郊区化发展直接导致了城市空间的外延式扩展，同时，城市空间的外延式扩展也带动城市居住空间环带状郊区化发展。

3）居住空间对商业空间结构的影响机制

从杜能的土地价值理论和加纳模式来看，不同活动的区位将取决于对特定位置的竞争性投标，不同类型、不同规模的商业机构及设施，按其支付最大租金的能力，从城市中心到城市边缘，排列组合成有规律的分布模式。居住与商业空间在不同的空间位置呈现出不同的规模和结构特点。

城市中心区域能提供最大的接近性，因而具有最高的土地价值，当然这些地段价值越大，土地租金也就越高，这就要求城市功能要素具备支付最大租金的能力，而商业相对于居住等其他城市功能要素更具有支付最大土地价值的能力，所以城市中心区商业占主导地位，并且中心区业态功能发育成熟，功能结构完整，其职能、规模、档次、服务范围等远远高于边缘区商业。这种业态布局满足了居民的多种购物需求，居民可以就近购物，业态布置与居民购物需求得到良好的匹配。但是由于该地区极高的地租和良好的商业氛围，城市中心区存在居住空间商业化的趋势，这是指开发商或投资者常常将居住用房出租用于商务办公，或者以居住用房名义开发的楼房整体用于商务办公，所以在城市中心区商业是这一区域的主旋律，居住只是作为附属功能。

城市边缘区由于其低接近性和低土地价值特点，居住区的规模和数量相对于城市中心区比重更大，城市边缘区居住占主导地位，商业只是居住的配建设施。边缘区商业业态结构比较单一，主要就是专业大卖场和中小型购物超市为主，缺乏大型的购物娱乐中心，或者数量和质量都低于城市平均水平，这种业态布局仅仅满足了新迁入的居民的日常基本购物需求，并没有满足其高档次的商品消费和娱乐需求，为了追求更高层次的需求，他们只好往返于城市中心区和居住区之间，导致了城市中心区交通流量增大，而且还使这些大型居住区沦落为仅供人居住的单功能城市区域，这不仅使得居住区本身失去了功能多样化的活力，还给城市中心区带来了大量的通勤人流。

（1）居住与商业空间布局

快速城镇化进程使得城市空间不断扩张，居住与商业空间发展均呈现出郊区化的趋势，但由于中国特有的国情及商业自身的发展机制的影响，城市居住空间的扩张无论是在速度、规模还是数量上都是比商业空间的发展快。

图5-13、图5-14比较可以说明城市边缘区居住空间并没有与之配套的商业设施，居住与商业相关程度低，这将导致居住的配套功能的完善受到很大的限制，大大降低居民的日常生活品质。

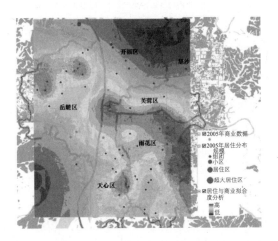

图5-13 2005年长沙居住与商业空间布局相关度分析

资料来源：作者通过资料整理分析。

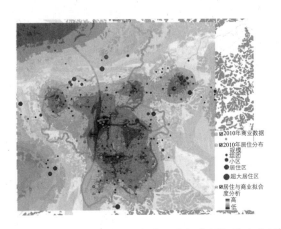

图5-14 2010年长沙居住与商业空间布局相关度分析

资料来源：作者通过资料整理分析。

城市商业空间新结构模式

　　商业区位的优劣除了取决于自然环境条件以外，还取决于商业空间与市场的远近，运输成本的高低，同时还取决于商业交易区内人口密度、消费购买力，最后还要考虑区域内的经济集聚效益的大小和潜力。由此可见，商业为了追求利润，商业空间分布与居住空间分布有很大相关性，商业重心明显追随居住重心。

　　历来城市作为消费中心，商业空间与居住空间占据城市旧城中心，构成城市最具活力的部分。城市快速发展和空间结构演变导致城市居住空间布局的显著变化，城市逐渐以圈层式向外扩展，带动城市人口分布变化，这种变化导致城市商业购买力分布的变化。人口的离心迁移促进了城市外围商业网点的开发❶。一方面，伴随城市扩展，居住空间开始出现郊区化，新的城市居住空间出现，给居住区商业网点发展带来契机。另一方面，旧城改造的大规模开展，迫使人口外迁，在级差地租作用下，付租能力最强的商业用地保留下来，居住用地则被选择性地保留下来，城市中心功能得到置换❷，商业空间受外迁居住空间的吸引也出现郊区化趋势。

　　（2）居住与商业业态结构

　　2005到2010年期间，随着商业空间结构的快速发展和基础功能的不断完善，长沙商业业态布局呈现出在城市中心区进一步集中汇聚的趋势，除了通过建筑形式创新、展示方法改变以及增加文化特色和品牌资源以外，部分购物中心开始发展多层次、多主题的功能复合型综合体，照顾不同消费者的需求，增加了自身亮点、吸引更丰富的消费群体，城市中心商业业态表现出复合化、主题化的趋势。在中心区居住空间与商业业态结合度十分高（如图5-14），而在GIS相关性分析中剔除了与居民日常消费生活关联度低的专业性较强的卖场等业态后，可以发现城市边缘区的居住与商业空间的相关程度表现出降低的趋势，商业业态与城市居住区域相关度层次等级更加明晰（如图5-15）。通过对比图5-15和图5-16，2010年城市居住与商业业态相关度比2005年相关度高的圈层明显呈现向外扩张的趋势，特别是相关度最高的区域由一个上升到四个，即五一广场区、东塘区、高桥区、红星区。同时居住与中心商业业态的边缘效应即相关度低的城市边缘地区的范围却进一步扩大，大型居住区地带和城市边缘区居住空间地带吻合程度依然是相关度最低的极点。由此可见，随着居住空间结构的高速扩展，新建的居住空间领域内并没有与之规模相匹配的商业业态空间，两者之间存在较大的时滞性。

---

❶　王宝铭. 对城市人口分布与商业网点布局相关性的探讨. 人文地理，1995，10（1）：36-38.
❷　张鸿雁. 侵入与接替——社会城市结构变迁新论. 南京：东南大学出版社，2002，23.

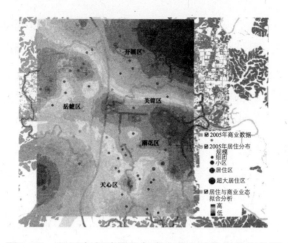

图5-15 2005年长沙居住与商业业态结构相关度分析

资料来源：作者通过资料整理分析。

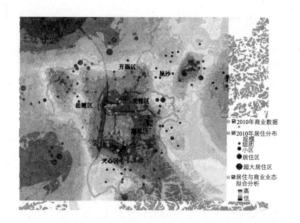

图5-16 2010年长沙居住与商业业态结构相关度分析

资料来源：作者通过资料整理分析。

5.1.6 城市交通与城市商业空间结构

1）道路结构发展对商业空间结构的影响

长沙城市道路结构不合理一直影响着城市发展，因而在2005年国家文明城市评选中长沙落选，其中道路交通方面是其中主要的问题之一。几次城市主要道路的拓宽改造虽然改善了城市空间的景观形象，但却对商业中心的空间结构产生了很大的影响。再加上大型综合购物中心集聚与城市道路结构之间的错位，更加剧了道路结构不合理产生的不利影响。应该对现在已经形成的和正在规划建设的城市道路情况进行综合规划，避免道路建设对商业空间结构产生不利的影响。

按西方零售业微区位理论，对于成功的零售业区位来说，可视性

（visibility）、易接近性（accessibility）与区域展示性（regional exposure）是最主要的因素。另外，进出的便利性（operational convenience）、安全性（safety and security）与足够的停车场（adequate parking）则是基本的区位要素。高人口密度与地区发展是场所发展的背景条件，这些因素都是紧密相关、缺一不可。某一因素的缺失会导致一个其他方面都很优秀的区位不可能形成良好的零售业场所。长沙一些大型综合购物中心的衰落也与零售业态所处的微区位空间结构不合理有直接的关系。其中道路节点立交桥设计考虑不周严重影响大型综合购物中心的交通便利性和顾客的易接近性，道路建设和改造完成就意味着大型综合购物中心开始衰落，因为消费者只能很快地通过购物中心所在区域，而不能方便地进入其中。应该对不合理的道路和立交桥进行综合改造，才能改变已经衰落的大型综合购物中心的微区位结构，使它们从新获得发展所必需的区位环境。

2）现阶段轨道交通建设对于长沙市商业空间结构的主要影响

商业空间的成熟标志有三点，一具有较强的人流诱导力，其次是能够提供各种商业活动所需的场所，再次是能为持续购物休闲活动在时间和空间上提供保证。三个必备因素体现在城市交通枢纽站的便捷性与商业空间的灵活性的结合上面❶。轨道交通的建设会对商业空间区位因子产生重要的影响，使商业企业在城市中的区位发生改变，从而改变引起空间变化的经济、社会、交通等因子，进而改变城市商业空间结构。与此同时城市商业网点的发展必然受到城市交通网络的深刻影响，因为大部分城市商业网点直接依托城市交通网络布局而沿轨道交通沿线布局发展。城市轨道交通对城市商业空间具有间接的、宏观的调控效应，通过影响区域的人口集聚、市场需求和土地利用模式等因素，来影响城市商业密集聚集地与聚集带。

城市商业空间的形成受三个大的影响：城市历史沿革（城市空间结构）、城市整体性质的定位、商业区位。城市历史沿革是基础，城市整体性质定位是原则，商业区位是城市商业空间形成的动力。商业活动空间结构演化的动力主要是商业的区位变化，是在影响商业区位的市场因子、距离因子和竞争因子共同作用下而发生改变（图5-17）❷。其中市场因子是指消费者以及相关因素的集合，距离因子包括交通条件和空间距离，而竞争因子则主要是商业区辐射范围内同行业者的数量和能力分布情况。

❶ 许学强，周一星等编著. 城市地理学. 北京：高等教育出版社，2009，226-227.
❷ 蔡国田. 轨道交通建设对广州市零售商业活动空间影响的研究：[华南师范大学硕士学位论文]. 广州：华南师范大学人文地理系，2004，8.

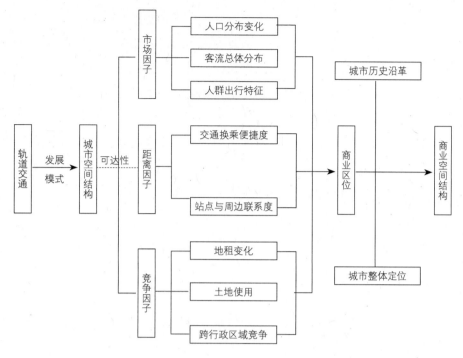

图5-17 轨道交通对城市商业空间结构互相影响机制图

资料来源：作者自绘。

（1）传统商业区自身优化提升阶段

长沙市传统商业中心区主要集中在五一路沿线（主要包括五一广场商业中心、芙蓉广场CBD中心、袁家岭商业中心、火车站商业中心）和东塘商业中心。这几大传统的商业中心一直是湖南人流、物流、资金流、信息流的汇集中心，拥有着成熟的商业环境、优越的区位和庞大的商业企业集聚规模，其中百货零售业份额在全市占据80%以上。在地段优势上，传统商业区仍然具有无可比拟性，但从商业业态构成看，目前主要以平和堂、王府井等传统百货业为主，一方面表现出业态构成类似，商业效应处于过饱和状态，一方面表现出在娱乐、特色餐饮等其他配套消费领域的缺陷，商品结构层次空间较小，高档消费能级还未形成局面。

零售商庞大规模的集聚促使了传统商业区的繁荣发展，但也带来了交通流向的单核心指向，因此，交通拥堵、交通流向混乱、旧城区功能的整合程度差也成为商业中心集聚效益进一步增加的瓶颈。

（2）新兴商业区集聚发展阶段

基础设施、制造业和高科技园区的建设、政府办公用地的外迁等政府投资型拉动建设是近年来长沙城市扩张的主要动力。在早期，居住空间随着政府推动力有一定的扩张，但动力略显不足，近年来随着城市群发展和新开发区发展势头的提升，居住空间的扩张速度逐步加快，在长沙四个方向上均有大幅度扩散，其中河西新城、城南板块、开福区政府周边分布最多。轨道交通线网规划公布和轨道交通建设的开始，更成为居民结合未来发展空间而选择购房的重要依据，地铁可将市区与郊区紧密地联系起来，市区和郊区的地理位置的差异性减弱。这很大程度地带动了大型零售企业将地铁站点周边作为建设发展的目标地。

近期新兴商业中心的发展可以分为三类：

一是结合站点枢纽共同建设的商业中心：望城坡商业中心属于典型的建设引导性商业中心，结合大河西综合交通枢纽的建设，会成为长沙重要的大型枢纽型商业中心和河西产业发展的商务办公中心，辐射范围包括宁乡县和望城县，注重交通疏散、综合购物、商务办公、信息传达等功能集合。而在近期的发展中，该商圈的生活配套设施还不够完善，缺乏大型百货商场和综合超市，因此完善商业设施的综合性与便捷性将成为近期重点。

二是顺应城市空间扩展方向，结合轨道交通1、2号线站点的商业中心：这主要指伍家岭商业中心、"省政府周边商业中心—红星商业中心—大托商业中心"和黎托商业中心的发展，这三个商业区域早期依赖所在城市板块中政府对"北辰三角洲建设、省政府南迁——中信新城建设、体育新城建设"的投资拉动力进行发展，但由于前期居住空间扩散速度的缓慢，造成商业中心扩展的滞后性。随着地铁建设带来的预期效应，居住空间在这几个站点周边集聚的程度大幅增加。因此这三个与近期轨道交通建设具有紧密联系的商业中心，加上与政府投资拉动力方向性的重合，其发展速度将明显加快。此外结合新城生态与文化建设需求、高档住区集聚的趋势和对综合环境品质的重视，将逐步构建由城市综合体、购物中心、地铁商城、酒店、文化休闲与高档社区商业街高档社区等为一体的商业中心。此外，这三个商业区域与城市重要交通枢纽（汽车北站、汽车南站——长株潭城际铁路交接点、武广火车站）相距较近，伍家岭商业中心的麦德龙仓储型超市的发展以及展览馆的齐聚，省政府周边的红星国际会展中心——中信新城的超级购物中心和奥特莱斯购物公园、黎托商业中心的万国商业城等均有利于带动会展与区域商贸的发展，其中黎托商业中心与大托商业中心的服务对象将更加偏向未来区域性的客流群体。

三是依托远景规划线网，城市郊区新城商业中心的发展：购物中心和大型综合超市是商业郊区化的主要载体，在2010年以后规划立项的商业网点统计中，麓谷高新技术开发区、望城县湘江新城、星沙镇高新技术开发区是购物中心扩散发展的主要区域。与传统的轨道交通带动周边城镇发展的时序不同，长沙市郊区新城镇中心的建设早于轨道交通线网建设与连通，商业中心发展的时序相对于轨道交通建设时序具有同步或超前性。从总体看，规划建设的星沙商业副中心正在逐步完善规模建设，而河西板块的溁湾镇商业副中心所起到的辐射力仍然有限，望城县与大河西先导区的高新技术开发区的商业中心还处在功能完善阶段。

（3）社区商业中心的发展

轨道交通施工会带来至少三年的交通阻隔，在导致商业、商务活动外溢的同时，也间接促使社区商业设施的兴建，以满足住区日常消费的需求。具有综合性与便利性的大型综合超市是社区商业业态中重要的一环，也是长沙市2010年以后规划建设最多的商业业态形式，并逐步与长沙市居住区的主要扩展方向相吻合。

另外，在"新城市主义"与轨道交通TOD站点开发的理念下，居住空间与商业空间的开发更侧重于城市街区功能复合、步行系统的引导和邻里交往等。特别是近年来在河西板块的滨江新城、城北板块的北辰三角洲区、城南板块的天心生态居住区和中信新城的开发过程中，商业空间更加注重满足社区空间中多样化与环境品质的需求，更加注重步行的可达性，由高档连锁店、专业店等组成的高档社区商业已逐步形成。

人们就近便利购物的需求以及居住区空间扩展特别是高档居住区空间的扩展，将促使社区商业的兴起和居住空间分异的明显化：一方面注重发展高档社区商业中心，国外"生活方式中心（Lifestyle Center）"等新商业业态将被借鉴引进；另一方面则加大对综合超市、便利店等商业空间的建设，以完善新居住空间或较低档居住空间的配套商业设施集聚。

（4）商业空间结构发展的空间圈层拓展依然明显

综合前述分析表明，目前轨道交通建设对长沙市商业空间的结构影响暂不明显，但站点建设的预期效益和建设施工的现状对商业发展带来了两个空间上的主要变化趋势：站点周边的商业集聚与商业在城市范围内的扩散，其中扩散效应更为突出。

另外长沙市向四面拓展的投资拉动力都非常明显，加上1、2号线轨道线成十字形布局对长沙市各方向延伸的拉动力也基本均等，因此构成了长沙市向"四周扩展均衡面的形成、老城区域改造"的分化期，并显示出核心——边缘的演化状态，因此商业空间的结构也不可避免地表现出核心的继续发展与边缘圈层式的分散特征，新的商业中心核心还处在建构阶段。

5.1.7　政府政策

不管是过去的计划经济还是今天的市场经济，在中国，政府政策的制定与执行都对城市的发展起着根本性的调控作用。目前我国正经历着体制转型，体现出一种"实用主义"（pragmatism）和"渐进主义"（gradualism）的特征。地方政府成为"准市场主体"，企业化的治理倾向愈趋明显，城市政府在地方经济事务中的决策空间得到了极大的拓展（Cook，Murray，2001）❶。

1）产业政策

商业是长沙第三产业的重要组成部分，其发展与政府关于第三产业发展政策是密不可分的。长沙政府在推进城市经济发展的过程中，"退二进三"逐渐转变为"优二兴三"，是长沙商业发展的重要保障和动力。

根据长沙市国民经济和社会发展第十个五年计划纲要指出："十五"期间长沙将进入一个新的发展阶段，高新技术产业化将带动经济结构优化升级，城镇化将带动城市结构调整转型，国民经济和社会信息化将带动和促进工业化，生态环境建设、社会保障体系的健全将带动居民生活质量全面提升。长沙将由原来的地方中心城市转变为区域性的物资集散中心、商业信息汇集发布中心、结算中心和会展中心。

这一宏观产业政策的出台，突出了长沙的区域中心和服务中心的作用，要求长沙的城市功能定位相应地发生转变，也要求长沙要重视商业发展并实现升级换代，新的商业空间应运而生。2009年长沙市政府向市民发放10万张娱乐消费券，同时举办了规模盛大的"福满星城"消费节活动，这些政策对于消费的发展具有很强的带动作用。

从长沙市产业配比我们可以看出，目前仍然处于第二产业带动第三产业发展的阶段。在大型制造业企业和高新技术开发区的引导下，城市呈现郊区化、园区化的发展趋势，第三产业作为主导产业的配套，必定会受到吸引，呈现郊区化趋势。

2）土地政策

土地是商业地产开发的根基，土地政策在很大程度上决定了商业地产的发展趋势。长沙市一直以来实行的都是积极的土地开发政策，为商业空间的发展提供了直接的动力。长沙市国土资源局2009年5月发布的《关于激活长

---

❶　Cook I G，Murray G. China's Third Revolution：Tensions in the Transition to Post-Communism. London：Curzon Press，2001.

沙土地市场有关措施的通告》中明确指出了"保增长、保红线"确保房地产业的健康发展的目标。

2000年开始，长沙开始尝试实行土地有偿使用机制，随着土地制度改革步伐的加快，城市商业空间变迁也开始加速。土地有偿出让制度使得土地的市场化倾向越来越明显。这拉动了地价不断攀升，提高了商业空间进入城市中心区的门槛，加速了城市中心区用地集约化，改变了原有城市建设"见缝插针"的方法，促进地产市场不断发育，推动了城市内部产业结构的合理化调整，这就带动了核心区商业的第一轮高速发展，并在2004年实现了发展的小高潮。与此同时，地价的差异导致了以重工业为主的工业区向远郊分散，商业区向城市中心聚集，居住区成片开发的合理局面，从而拉动了城市内部空间产业结构的合理化调整，也推动了城市郊区化。高新区作为独立行政管理单位，其宽松的土地政策，对于其商业空间的发展也具有直接的吸引力。

3）行政区划管理政策

长沙市商业空间结构的"多级分散"特征与政府管理以行政区划为单位的"分权化"管理密切相关。从2005～2010年的新商业空间发展可以明显看出，行政区划为单位的各区分别进行建设的特征，这是"分权化"加强了下级政府自主竞争意识的结果。

在政府分区而治的前提下，市场与公民社会在政府控制范围内的自主性日益加强，并在很多层面影响着政府的控制和引导，这种多方博弈使得商业空间结构呈现出多种秩序的交融、叠合的特征。

4）区域发展政策

随着长株潭城市群在全国城市结构中的地位越来越重要，融城一体化的发展目标对长沙未来发展的影响也越来越大。

《长株潭产业一体化规划》指出：长沙作为长株潭最有潜力的产业增长中心，将以高新技术产业和第三产业为发展重点。在空间布局方面，高新技术产业布局将以现有的空间布局为基础，沿湘江西岸形成以长沙高新区、岳麓大学城、湘潭大学科技园、株洲高新区为主的高新科技产业带。三市要将现在分布在三市城市中心区和三市沿江地区的生产型企业逐步外迁到三市总体规划布局的新工业区。在商业方面，长沙以建成全国区域、现代化商贸中心为目标，加快建立以大市场、大商场、大网络为重点的长株潭现代高效市场流通体系，大力发展会展经济。

另据《长沙市十一五规划》指出：到2010年，要将长沙建成辐射粤北、鄂南、赣西、川渝以东区域的现代化商贸物流中心城市，并构建红星、高桥、星沙、大托、黎托5处区域商圈。

从省政府南迁、韶山南路、芙蓉南路的拉通等一系列举动，我们可以明显感觉到政府的引导方向。区域发展所提供的潜在人流、货流、信息流量，会为商业发展提供腹地支持和发展动力，促使了零售业态的大型化、综合性发展，同时也指引商业布局的发展方向，从而形成了商业"东西成线、点式南移"的开发格局。

5）招商引资政策

长沙政府在推进城市经济发展过程中，利用外资是解决资金不足的主要方法之一，政府也希望通过外资的引入加速本土商业的整合和重构。近些年，从利用外来投资看，大项目、大企业明显增多。2005年外资项目的平均投资规模达1651万美元，其中总投资1000万美元以上的外资项目达53个，分别是2000年的2.9倍和5.6倍。公有制商业全面完成改制，个体、私营商业加快发展，沃尔玛、麦德龙、家乐福、国美、新一佳、王府井、麦德隆、易初莲花等国内外大型知名商业企业抢滩进驻，促进形成了多种所有制商业竞相发展的格局，这对于引进新商业模式，加速商业结构的优化调整都具有很深远的意义。同时，在这一过程中，市民的消费层次和消费热情都被激发。

随着高端商业企业的进入，现代营销方式快速崛起，超市作为第一业态已逐步取代传统的百货商场，连锁经营从领域到区域快速拓展态势，连锁经营销售额占同期社会消费品零售总额的15.5%；网上贸易、电子商务等现代信息技术逐步推广，实现了业态升级。

5.2　城市商业空间结构演变及机制

通过对长沙城市商业结构数据进行现场调研，并与各类年鉴、报告、报表等进行汇集整合，收集了1995～2010年间每一个商业中心内，5000m²以上零售商业网点关于城市商业结构的三类数据。将研究时期划分为3个时期：1995～2000年、2000～2005年、2005～2010年，分别在每一个时期基于GIS平台比较分析每一种商业结构演变要素（商业业态类型、商业网点数量以及商业网点规模）的变化规律。为了表现每一时期内要素变化的速度与规模，可以采用期末与期初的差值来表示变化规律。进而，可将同一时期内三要素变化图进行叠合，以反映时期内商业空间结构的变化，从而展示演变规律。

在GIS系统分析中，通过设置市级和区级商业中心的缓冲区为半径1km的圆盘区域，社区级商业中心袁家岭的缓冲区为半径0.5km的圆盘区域，获得城市商业中心的商业业态类型、商业网点数量与网点规模等差值的分布图。

为了直观表现每个商业中心的演变规律，利用GIS系统对结果进行形象化渲染。采用红色至绿色的颜色渐变表现商业中心节点的结构演变要素变化差值大小，最高数值表现为红色，最低数值表现为绿色，中间值则选择合适的渐变色来表示。

5.2.1 城市商业空间结构演变模式分析

1）商业业态类型变化的比较分析

业态形式和业态规模是商业结构中的主要内容❶，而业态形式集中体现在业态类型上。按照《零售业态分类》（GB/T18106—2004），商业业态可分为大型超市、购物中心、百货、专业大卖场等17种类型。商业业态类型的变化可以反映出业态形式的发展，从另一个角度描述商业业态空间结构的演变。

1995年至2000年间，长沙市商业业态类型增加的商业中心只有五一广场和火车站，市中心外围商圈没有变化（如图5-18所示）。2000年至2005年间，随着新业态的引进与商业整合，大多数商业中心都有了业态类型的变化。业态类型以及空间分布的结构形式呈向外围扩散的趋势，南以东塘的业态类型变化最为丰富，北部和西部都分别有不同程度的增加（如图5-19所示）。2005年后，业态类型变化的分布明显扩散，北部星沙等商业中心和南部的红星的商业业态类型逐渐丰富，靠近市级商业中心的袁家岭由于市场竞争，由单一业态类型转变为多样类型，但此时市中心五一广场的业态类型由于已经多样化，所以其业态类型几乎没有变化（如图5-20所示）。

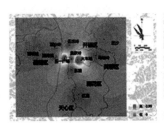
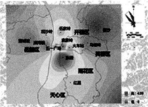
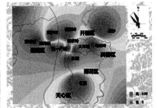

图5-18 1995~2000年长沙市商业业态类型变化　　图5-19 2000~2005年长沙市商业业态类型变化　　图5-20 2005~2010年长沙市商业业态类型变化

资料来源：作者自绘。

---

❶ 叶强，谭怡恬，赵学彬，罗立武，陈娜，向辉. 基于GIS的城市商业网点规划实施效果评估. 地理研究. 2013，02：317-325.

2）商业网点数量变化的比较分析

根据不同时期各商圈商业网点数量的演变情况，可以分析出商业网点的分布与聚集程度，以表现商业空间区位的结构演变规律。商圈网点数量增加越多，该区域的商业空间区位的商业价值和级别增高，反之，商业空间区位的商业价值和级别减低。

从长沙市11个商业中心的规模变化来看，1995年到2000年间，五一广场、火车站和东塘商圈的商业网点数量显著增加，其余的商业中心都没有变化（如图5-21所示）。2000年到2005年，经过行业整合，城市主干道经过或相交商圈（如五一广场、火车站商圈）的商业网点增加的最多，特别是作为市级商业中心的五一广场扩张幅度最大，中心外围的伍家岭、红星、望城坡、马坡岭等商业中心因专业大卖场的兴起而增加了少量网点，而靠近城市中心的袁家岭因地段土地限制，没有增加商业网点（如图5-22所示）。2005年到2010年，五一广场商业中心作为长沙市的传统商业中心，商业网点数量仍有显著增加，而其余商业中心网点增量并不明显（如图5-23所示）。

综合三个时期的商业网点数量增加程度分析可以发现：长沙市的商业网点向城市中心的市级商业中心聚集，商家纷纷涌入，传统的商业中心仍然有较强的吸引力。单从商业网点数量变化来看，长沙市的商业空间结构基本没有改变。

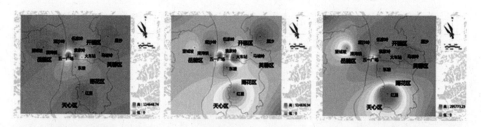

图5-21　1995~2000年长沙市商业网点数量变化　　图5-22　2000~2005年长沙市商业网点数量变化　　图5-23　2005~2010年长沙市商业网点数量变化

资料来源：作者自绘。

3）商业网点规模变化的比较分析

商业业态的规模集聚状态显示了空间结构的级差区位分布形态，而通过比较各个空间在同一个时间段内，区域范围中商业网点规模的演变规律可以反映这种级差区位变化的程度。

图5-24可以看出，1995～2000年间长沙市的商业网点规模集中增加于城市中心的五一广场，火车站和东塘的规模也有少量增加，由于五一广场作为市级商业中心，吸引了大面积的商业店聚集。图5-25表明，2000～2005年期间，商业网点的规模的增加仍然主要在五一广场和火车站商业中心，但南部红星商圈的规模扩大也很明显。2005年后五一广场的商业网点规模增速已经明显减弱，与此同时星沙、望城坡等其他商业中心的网点规模增长幅度持续加大（如图5-26所示）。将图5-25对比图5-22中2005～2010年商业网点数量的变化可以发现，五一广场的网点数量在大幅增加，但规模增量很小，表明市级商业中心只对小型商家有吸引力，而无法吸引有雄厚实力的大型商家大规模入驻。一方面原因是城市中心土地有限使商业网点规模已经趋近饱和，不能再容纳商业网点规模的大幅度增长；另一方面，其他商业中心拥有便利的交通以及宽松的环境，新增加的商业网点规模正呈现从城市中心向周边扩散并重新集聚的趋势，城市商业空间新一轮重构的现象十分明显。

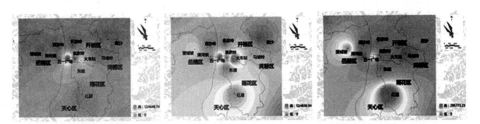

图5-24　1995~2000年长沙市商业网点规模变化　图5-25　2000~2005年长沙市商业网点规模变化　图5-26　2005~2010年长沙市商业网点规模变化

资料来源：作者自绘。

5.2.2　新结构模式的演变特征及影响机制

从以上演变规律来看，除了商业网点数量以外，商业业态类型与商业网点规模都有由中心向外围扩散，并且在外围重新集聚的趋势，且重新集聚以市区南部最为明显。

1）演变特征

2005年以前，长沙市商业在业态类型、网点数量和规模上都分布于城市中心的五一广场、火车站和东塘三个商业中心（如图5-27所示）。自2000年后，商业分布逐渐开始扩散至其他区级商业中心，但市级商业中心还是占增长的主要地位（如图5-28所示）。2005年后，市级商业中心的发展明显减弱，长沙市南部和北部的区级商业中心发展加快（如图5-29所示）。商业空间结构已经形成由中心聚集向中心外围扩散，并且在外围的区级商业中心有重新聚集的趋势。

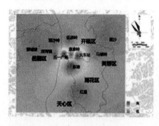 

图5-27　1995~2000年长沙 图5-28　2000~2005年长沙 图5-29　2005~2010年长沙
市商业空间结构变化　　市商业空间结构变化　　市商业空间结构变化

资料来源：作者自绘。

2）影响机制

从这种新结构模式形成的影响要素来看，大型居住社区、区域交通模式与城市道路的规划与建设是主要外在动力之一。1997年以后，我国逐步取消了福利分房制度，开始了商品房和大型居住社区的建设，新的社区和商业服务配套设施的完善形成了新的大型区域级商业中心。同时高铁、城铁、地铁、城区道路更新等交通设施的大力建设，促进了大型区域商业中心规模和业态的发展。

另外，商业企业自身对商业中心的研究和定位、商业业态形式和规模都有选择，2008年以后商业地产模式的迅速发展是这种演变的内在动力。前期研究表明，虽然规划的商业中心在政府政策的推动下会得到很大的发展，但商业企业不会盲目地在规划的商业中心投资和集聚。也就是说商业网点规划的商业中心与实际的商业中心并不一定重叠，甚至相差很大。这种情况也加速了各种类型商业空间节点的形成，对商业空间的重新集聚起到了很大的推动作用。

5.3　商业空间结构演变的趋势与规划管理政策借鉴

2010年后，随着全球化对长沙的冲击不断深入，经济水平不断上升，休闲消费特征对长沙市商业空间重构的作用力会越来越大。通过对长沙市商业空间结构演变过程的分析，借鉴国内外发达地区城市商业空间发展经验，总结和预测以长沙为代表的中西部大城市的商业空间结构发展趋势如下：

5.3.1 商业空间结构演变趋势

1）国内城市与零售业态发展新趋势

（1）政府投资拉动型城市形态扩展

近年来，政府投资推动城市经济增长和城市空间扩展成为我国城市发展的重要现象。政府投资的主要领域是基础设施、道路交通设施、工业和高科技园区以及政府办公区域的外迁。城市中心区旧城改造、商业空间的营造基本上采用招商引资的方法。在政府投资拉动城市发展的过程中，基础设施、道路交通设施的改造为城市产业经济的发展提供了良好的发展环境，而工业和高科技园区以及政府办公区域的外迁则为城市内部提供了功能转换的空间，同时也使城市形态向外扩展。但由于商业空间的发展与居住空间的联系较为紧密，中心区工业和政府办公空间的外迁为商业空间的发展提供了良好的空间资源，而商业空间的扩展并不与工业和政府办公空间有太多的联系。因此，我国城市空间、形态的扩展与商业空间的扩展并不同步。

（2）居住空间发展的新动向

从实行商品房开发制度以来，居住空间首先是在城市中心区发展，经济适用房政策的落实，产生了第一轮居住空间郊区化的发展。但这一轮发展主要是城市中心区中低收入人口的外迁，随着人们经济发展和生活水平提高，私人小汽车开始进入家庭，道路交通设施的改善使居住空间产生第二轮郊区化的发展。由于城市边缘区大部分空间是经济适用房和中等价格的商品房小区，所以居住空间产生第二轮郊区化并多沿交通干道形成"飞地"或"跳跃式"的发展方式，并且是低密度的开发方式，同时，中心区的商品住宅也在快速发展，并呈现高档化、高层化和小户型化的特点，这些都反映了城市中心区人口结构和居民层次的变化，此外，"酒店式公寓"等商住两用的居住形式不断产生。近来，由于政府机关和一些效益较好的大型企事业单位办公地点不断郊区化，外迁所引起的职工住宅随之外迁情况也不断增多，形成了新的一种住宅空间形式。这种住宅以集资经济适用房的形式出现，主要是本单位的职工，从现象上来说与以前的福利分房形式相似。

（3）城市功能转型与经济结构变化

城市是商品经济发展到一定阶段的产物，它的发展与经济活动的方式和规模密不可分，一直随着世界经济的发展与经济重心的转移而演变。根据城市的功能和影响力，全球已形成世界级、跨国级、国家级、区域级和地方级城市为主的城市等级结构。从20世纪80年代起，随着我国全方位、深层次、宽领域对外开放格局的逐步形成，我国主要城市相继提出了建设国际化大都市或国际性城市的目标，城市化建设的步伐明显加快。同时，中国加入世界贸易组织后，经济发展和结构调整进一步融入世界经济体系中，城市经济处在快速转型期，而随着发达国家和地区新一轮产业结构的调整，中国也有可能成为发达制造业的接受地，在相对较短的时期内完成工业化进程，使绝大多数地区迈入工业化社会，并进而改变中国目前的城市化进程、空间布局和城市功能。现代世界城市的产业结构正变得越来越软化，服务业的比重不断上升，许多城市的服务产值占其国内生产总值的70%以上，有的超过80%，美国城市在1997年已平均达到63%，荷兰城市在1975年平均达到58%，上海2000年第三产业比重为50%。第三产业成为城市化的主要动力，美国在1870年至1970年的100年间，城市化水平的提高主要得益于第三产业的增长。

（4）城市中心区再发展

城市中心区被视为城市发展质量的决定性因素，中心城区的再发展也为现代城市的全面发展带来新的活力。各种规模的城市与城市区域的发展都依托于中心区取得再发展。在城市中心区的规划中，很多城市都有一整套再发展战略。比如美国城市中心区再发展被广泛应用的7个规划和发展战略是：增加步行街、改建室内购物中心、历史文物的保护、临水区域的开发、写字楼的开发、建设重大活动场所、提高交通能力。我国的城市中心区经历了由计划经济到市场经济的变化，特别是土地利用方式的改变，激活了城市中心区的商业潜能。

（5）教育产业与城市化快速发展

教育的产业化与扩大化使得大学成为中国快速城市化的新动力。位于城市中心区的大学在城市边缘地域新增校区，位于城市边缘的城市则迅速向周边扩展。大学城、科技园的建设更加推动了教育产业化的发展趋势。在政府与金融政策鼓励和推动下，大学的校区面积和学生人数迅速增加，后勤服务功能社会化也随之产生。大学周边的城市化速度明显高于城市其他区域，迅速提高的教师待遇以及扩招带来的大量学生人流将成为区域第三产业发展的最好动力。

（6）公共交通与私人小汽车共同发展

在现代世界城市发展中，交通一体化是最鲜明最主要的趋势。交通布局的全面立体化和大规模智能化管理系统的有机结合将使现代城市交通成为整个一体化服务系统。从城市发展近100年历史来看，城市发展的成功经验之一是大力发展公共交通。一些国际经济中心城市，目前非常注重发展高效、低污染的城市立体交通网络，地铁和轻轨铁路已成为城市公共交通的主体。

铁路承担城际客运，地铁和轻轨承担市区内部大容量的客运，公共汽车以承担区内某一区域的客运为主。因此，现代城市交通往往会利用海、陆、空发展地面和地上的多种交通工具，形成一体化的立体交通网络，采用各种各样的方式（如统一时间表、一票制、驻车换乘等时间和空间上的联合）给每一位市民提供完善的交通运输服务。由于国民经济发展的需要，我国目前将轿车行业作为国民经济的支柱性行业来发展，加上道路交通设施建设的完善，小汽车进入家庭的速度在不断加快。因此，在我国的城市中，交通一体化和私人小汽车形成共同发展的局面。

（7）城市公共空间休闲化

20世纪90年代以来，可持续发展成为国际社会经济发展的价值导向。以人类与自然协调为宗旨的城市园林化体现了可持续发展、生态建设、环境保护的多种要求，使城市成为社会——经济——自然复合生态系统和居民满意、经济高效、生态良性循环的人类居住区。越来越多的城市由原来的生产型转为消费型，5天工作制与节日长假的变化使得我国城市居民的休闲时间越来越多。假日经济成为零售企业重要的利润增长点，为更好地适应这种变化，我国原来集会和交通性的城市公共空间也已演变为现在的休闲和娱乐性市民公共空间。

（8）区域城市共生化

大都市带或城市群将成为21世纪全球经济竞争的基本单位，城市发展正呈现区域内所有城市优势互补、联动发展的态势，并形成更大范围更高层次的都市圈甚至跨国都市圈，区域城市一体化也越来越成为一种突出的趋势。经济全球化正在迫使区域城市群统一组织市场优势，以集团的形式介入国际竞争，信息化在促使城市布局分散化的同时，区域内所有的城市也将结成一个有机的统一体，促进区域城市共同发展。

2）国内零售业发展趋势

（1）零售业态梯次化发展

中国是一个地域辽阔、人口众多、城市多样、经济发展不平衡、消费习惯差异很大的国家，零售业态的发展将呈现出明显的区域性特点。由于我国经济发展的不平衡性，在许多经济不发达的地区，零售业态的发展还比较落后。随着社会经济的不断进步，这些落后地区的零售业态将会依次走上发达地区零售业态曾经走过的道路。零售业态除了在地域分布上形成一个梯次化发展的态势外，在时间序列上也会有一个梯次化发展。由于现代零售业态的生命周期只有5～10年时间，可以预计，各种零售业态在大、中、小城市，沿海、内陆、西部地区，发达、欠发达和贫困地区都会有5～10年的滞后期，大城市处于衰落的某种业态，中小城市则可能还处于创新和发展期。中国12亿人口，9亿在农村，占全国人口总数的72%，1995年以来农民收入增长连续三年超过城镇居民，1998年国家增加基础设施建设的投入，在很大程度上将进一步提高农民收入，但目前农村销售仅占社会商品零售额的40%左右。相比之下，农村市场开拓的余地还很大，另外，城乡市场有很强的继起性和互补性，对农村市场的开发可以促进城乡经济的良性循环，进一步扩大市场发展后劲。

（2）零售业态多元化

以前，我国曾经是"百货打天下"，即无论商店的面积有多大，无论在什么地理位置，都是经营百货，而且以传统的柜台交易为主。现在，零售业态呈现出多元化趋势，原来意义上的百货店逐渐"引退"，新型的百货店开始出现，而且超级市场、精品店、专卖店、便利店等多种零售业态得到了迅速发展，零售业态种类逐渐丰富。随着我国市场经济进一步发展以及新的科学技术的出现和普及，还将有新的零售业态出现，而且，由于我国经济发展跨度较大，零售业态多元化的趋势还将长期存在。

（3）零售业态发展均衡化

以前，百货店独霸了我国的零售市场，其他零售业态根本无法与之抗衡。现在，百货店的地位开始发生了变化，它在社会零售消费总额中所占的比重在逐渐减小，而其他零售业态所占的比重在逐渐增加，并且地位在逐渐上升。随着经济的发展，将来零售业态中的"超级大国"将不再存在，购买力将出现分流，各种零售业态将拥有自己相对稳定的消费群体，它们之间将表现出一种相对的均衡。

（4）零售业态组合化

我国以前的零售店总是"孤军奋战"，除了少数几个城市商业中心以外，很少能够形成"集合商圈"及发挥集聚优势。现在，多种零售业态出现了相互组合、共同发展的趋势。因为不同的零售业态之间具有一定的互补性，它们之间的相互组合可以多层次地满足消费者的需求，发挥集聚的效力，使各自的利益增加，从而实现"1加1大于2"的目的。

（5）零售业态融合化

从企业角度而言，企业不再是一种零售业态，而是根据自身发展以及社会现实环境的需要，将多种零售业态集中于企业一身。零售业态融合化趋势有两种表现形式：一是内涵型融合；二是外延型融合。内涵型融合是指当某个零售店面积足够大时，它把多种零售业态集中在一个店内，使之相互融合、相互促进，增加企业效益。外延型融合是指企业对外进行资本扩张，在其他地方开设不同于自身业态的新店，从而分散企业风险，促进企业发展。外延型融合的表现形式很多，可以是企业自己投资，也可以与其他企业合资。外延型融合有利于整个行业资本结构的合理化，从而提高整个行业的资本运行效率，促进社会经济的发展。

3）新一轮商业网点规划条例及商业空间发展未来四大趋势

（1）城市社区商业将成为新亮点

2005年初，国务院将颁布《城市商业网点规划条例》以及听证制度的草案，商业网点的业态结构、布局结构将趋于合理，网点规划管理条例将参照发达国家的做法，引入听证制度，邀请专家、利益相关者参与听证，避免开发盲目性。根据《条例》规定，今后1万m²以上的商业地产设施项目必须进行听证，由发改委建设规划、工商行政管理、交通环保部门、生产流通部门、消费者协会、行业组织及专家学者参与听证，商业网点的所在区、街道也将推选社区代表发表意见，开发商经过听证之后必须拿到书面同意建设意见，方可办理有关建设手续。建设1万m²以上的商业网点，还必须到国务院有关部门进行听证。

从各种类型商业地产的发展趋势看，由于城市新社区建设步伐加快以及各级各地政府目前积极鼓励发展社区商业，因此，2005年及今后的一段时期，社区商业将呈现出较大发展潜力。商务部认为：当前新建居住区商业设施滞后的矛盾比较突出，不仅数量少、布局分散而且设施落后、现代化水平差，离以人为本、服务居民生活的要求还有相当差距。商业网点建设要在促进城市商业繁华、繁荣的同时，更加注重满足老百姓日常需求的商业和生活服务设施建设，要把社区商业作为规划的重点；在业态上，要体现便利性、实用性，在功能上，要以老百姓不断发展变化的消费需求为取向，完善服务设施，提高服务功能。这些精神对各地商业网点的建设都有重要指导意义。可以预计，今后一些适合社区商业发展的商业形态，包括社区型购物中心、邻里中心以及现代生活广场等都将会得到快速发展，逐渐成为商业地产中的新亮点。

（2）开发门槛与开发集中度将大幅提高

随着国内各项商业地产调控政策逐步到位，特别是房地产信贷门槛的提高以及《城市商业网点规划条例》即将出台，都将在一定程度上限制商业地产的盲目开发。商业地产的门槛抬高后，将淘汰众多不具开发实力的小公司，而使大公司开发的集中度提高，投资开发的盲目状况将有所改善，将会出现一些无力继续开发的商业地产项目被大公司并购。

（3）商家对商铺的需求将大幅增加

2003年，我国消费率仅为55.4%，是1978年以来最低的水平，而就全球的平均水平来看，根据世界银行资料，2002年，世界平均水平为80.1%，显然，我国目前消费率大大低于世界平均水平。中国连锁百强从2001年到2003年所用的店铺数量呈现出的快速增长势头，对国内的地产开发商意味着商铺成为一种直接的需求。目前，国内前100名的零售企业发展速度非常快。2001年，每家连锁百强的企业可用的店铺数量是111家，2002年达到了169家，2003年达到了204家。一些具有优势的连锁企业，已经把加快开店速度、扩大规模作为企业发展的首要战略目标。但是由于边际效益的下降，内资连锁企业开始放慢了扩张速度，而更加注重门店的管理与效益，从开店数量的增长速度看，略有下降。

随着中国商业零售业2004年12月11日彻底对外开放，中国商业市场正在吸引着越来越多的国际商家关注，寻找适合商家发展的商业地产项目已成为众多国内外商家扩张规模、占领市场的基础。据了解，家乐福将在北京、上海、广州和深圳等四大城市各新开12家店铺，在其他一些大城市各新开6～8家新店，同时计划，明年新开100家迪亚店，2005年新增10～15家冠军生鲜超市。2005年，外资商业对商铺的需求将会有大幅增加，同时商家对商业物业的选择标准将更为严格，物业结构适用性好、位置优越的项目将成为追捧对象。

（4）运营模式将回归理性，以租为主将成主流

从近几年的发展状况来看，由政府推动的会展中心、城市广场、步行街这类形象工程问题将逐步暴露出来，一些不符合城市商业规划、不符合商业地产运作规律的项目将风险凸现，中小投资者投诉可能成为一个新热点，尤其是重点城市中标志性项目的成败将会起到强力的调控效果。

随着商业地产运营模式的理性回归逐步到位，以租赁为主的运营模式将越来越多，比例将越来越高，开发商将越来越意识到追求短期获利行为已不现实，而获得合理收益和长期效益将使市场更趋于有序。

因此，作者认为大型综合购物中心形式也将产生相应的变化。

①以百货商店与大型综合超市为主要业态形式的商业综合体将成为城市中心区商业空间中的主要形式，是形成商业中心区集聚作用的主要动力。以大型综合超市为主要业态所构成的综合购物中心将成为城市边缘区商业空间

主要形式，并与居住空间紧密结合，导致城市空间结构扩散化。

②开发集中度提高、生活水平提高和轿车进入家庭将使城市边缘区的大型商业中心发展加快。交通、停车和可达性将不但是城市边缘区，也是城市中心区的大型商业中心空间区位选择的重要因素。

③开发模式将出现房地产商与大型零售商共同开发和经营的趋势以解决房地产信贷门槛的提高带来的开发和招商难度，避免投资盲目性。

④新的城市拆迁政策实施以及城市规划和建设人性化程度的提高，投资成本将直接影响商业地产的出租和经营成本，城市中心区商业空间新建大型综合购物中心形式将会受到较大的制约。

4）商业空间结构的重构趋势

（1）商业空间扩张趋势

①居住郊区化带动商业郊区化

长沙市在外围新城发展的强大驱动力下，呈现出明显的居住空间郊区化现象，由于商业空间与居住空间的互动关系，商业空间也呈现出郊区化的趋势。由于外围居住空间整体品质不足，目前长沙市基本处于商业郊区化的初级阶段。

在未来的发展过程中，随着生产力的不断提高，郊区配套设施和居住环境不断改善，中产阶级由于对中心喧闹环境的厌倦，对郊区高品质环境、畅通交通体验的兴趣会出现真正意义上的郊区化迁移。在这一过程中，传统商业中心区开始更新，原有城市中心有望成为高档商务区，次中心商业区呈现中低档化，郊区商业将体现其大型化、高品质、好环境的特征。

②区域发展带动商业发展

在全球化竞争格局中，城市竞争空间尺度的基本单元更多的是核心城市与周边地区的密集区，如都市圈、都市区、城市群等。长沙在这场竞争中也不例外，长株潭城市群对其空间布局重构的作用是毋庸置疑的。融城的趋势可能会形成城市群级的商业中心，这一商业中心出现在什么位置仍未可知，但是三城向心的商业布局格局基本可以预测，长沙市商业空间向南发展是大势所趋。未来我们可能要放眼更大的区域进行考虑，立足"3+5城市群"可能会产生新的城市商业空间格局。

在具体操作中，长沙作为区域服务中心，可以借鉴SOD（Services Oriented Development）发展模式，即服务导向的城市现代商业空间发展模式。由政府有意识地引导大型社会服务设施、文化娱乐设施以及某些商业型设施的建设，解决新城配套设施不足的问题，以吸引人气。

（2）商业空间优化趋势

从已经进行的商业空间结构演变可以看出，城市商业空间在激烈的竞争中体现出不断优化的趋势。将来，随着市场力的不断强大，政府职能的转变，消费者力量的不断加强，商业空间结构会得到进一步的优化发展。

①商业空间基本结构"多中心"结构基本稳定，向"三维结构"发展

各级政府推动都市区空间拓展的同时，内部管理的"分权化"模式使得社会生活需求与市场网络的配合逐渐地改变了都市区的空间职能，商业与公共服务中心从原有的"金字塔形"分布转变为多中心、网络化分布，并且结构形态已经基本稳定，见图5-30。

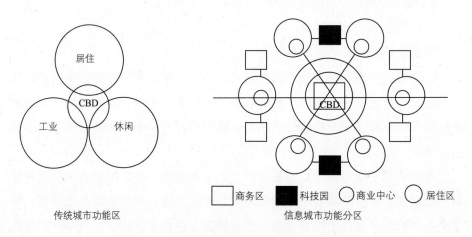

传统城市功能区   信息城市功能分区

图5-30 传统城市功能区与信息城市功能分区

资料来源：袁诺亚. 中国大都市现代商业空间发展布局研究：华中科技大学. 武汉：华中科技大学建筑与城市规划学院，2006，69。

城市传统商业中心与新崛起的众多商业中心、郊区商业中心共同构成城市商业空间结构，各个商业中心之间以及商业中心与顾客住地之间通过便捷快速的交通网络相联系，形成一个高效运转的网络式商业空间体系。在这种格局中，城市商业中心的等级差异依然存在，但差距有很大程度的缩小，传统商业中心在城市商业网络中仍居于重要地位，并且其职能在不断加强，集聚性同时增强。

根据信息化发展趋势和国外先进经验，我们还可以做一个大胆的预测，在多极分散结构不断完善的同时，城市商业空间格局的发展会出现新兴的三维地理模式，虚拟商厦与电子商业的发展会造就三维的空间市场。尤其是在消费者年龄比较年轻、知识水平比较高的区域，这种趋势可能会较早出现。但是，现代人们的多重购物目的使得实体商业空间相对于电子商业仍具有较

大的比较优势。

②商业中心仍然集中在城市中心区

从长沙目前的城市经济水平、人口数量，我们基本可以判断，排除政府政绩导向的干扰，城市商业空间仍主要集中在城市中心区，并且轨道交通等基础设施的建设会不断加强这种特征，使得中心区商业品质不断优化。

与国内大多数城市一样，随着城市空间的不断向外扩张，都市圈层结构逐渐显现。然而都市区的集聚程度，并未随着都市区向外扩张而逐渐降低，空间发展仍然高度集中，这与都市区空间治理结构直接相关，见图5-31。在单中心的治理结构中，治理的先后顺序一般是围绕权利中心先近后远、先中心后外围，使得都市区的公共物品和服务的水平呈现由中心向外围逐渐降低的态势，商业空间作为重要的服务空间也体现了在都市区的集聚特征。多中心结构的出现，对于空间的高度集中在一定程度上起到舒缓作用，但是高度集中的发展态势可能仍将在一定时段内持续。商业中心对于人流的追逐使得商业空间结构与人口空间分布在相当程度上具有一致性。

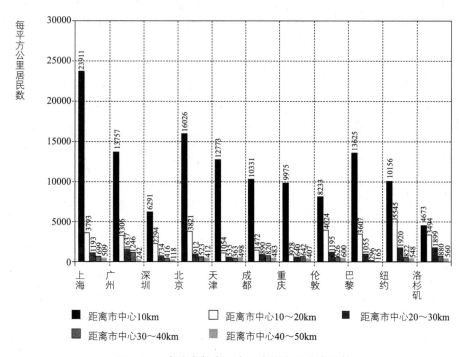

图5-31 中外大都市区人口密度空间分布比较

资料来源：Chreod ltd．The Shanghai Metropolitan Region：Development Trends and Stratregic Challenges．Urban Studies，2003，（3），105。

③传统商业中心的优化发展

传统商业中心由于发展时间长、空间密度高、人流多样等问题，往往存在交通拥堵、停车困难、人车交通混杂等交通问题，成为制约传统商业中心发展的瓶颈。政府往往希望通过功能分区、疏导人流、增加交通设施、拓宽疏通道路等方式解决这些症结，但是效果总是不理想。

正在进行的轨道交通建设是解决这一问题的最重要方式。轨道交通的发展，满足了中心区大运量的交通要求，克服了中心区交通拥堵对消费者的干扰，提高了地价，促进土地功能置换。使得收益回报率较低的居住用地和工业、仓储用地不断向边缘扩展，腾出空间作为商业用地发展或城市绿心，从而实现土地的集约利用。而且，居住用地本身也由中低收入住宅转为高收入住宅，居民的购买力随之提高，区域经济密度增大，也会促进商家的进驻。可以预言，轨道交通的发展会带来商业中心区的更新和再发展。

从新城市主义（New Urbanism）、精明增长（Smart Growth）等新兴理论中，我们可以发现，休闲经济时代带来的一地多用、一楼多用的综合用地模式是大势所趋，尤其是城市中心区，其多主体的多样性决定了用地多样性。这种混合化的土地使用模式，缩短了人们使用各种功能空间的交通距离，增强了便利性，同时满足了人们集中时间休闲消费的行为需求，达到了一站式服务的目的，对于中心区商业气氛的营造具有重要的意义。

④社区商业发展

随着城市商业空间格局的基本稳定，零售业市场进入细分整合阶段。在商业中心市场相对饱和的情况下，大型居住社区的新建或更新，带来的发展空间成为商业企业争相竞争的资源，社区商业成为商业地产的新宠。2005～2010年间，大型超市的快速增长，使我们可以肯定这种趋势。

社区商业与消费者关系密切，满足他们最常见的日常需求，因此受消费者影响巨大，与社会空间分层直接相关。城市中心区聚集高收入的年轻人或白领人士居住，要求消费模式长时间、多样性。城市边缘地区，分低档居住区和高档居住区两种，高档居住区倾向于高档次、好环境的商业模式，要求社区商业同时具有优越的自然风光和丰富的生活情调，生活方式中心等新商业业态将在这种区域出现；低档居住区居民则希望社区商业可以提供多样的商品和便宜的价格，综合超市、工厂店等商业空间会在周边聚集。

（3）商业空间分异趋势

现代商圈不同于传统模式，经常会出现商圈的叠交，在这种情况下，要想保持商圈的活力，就要强调商圈的功能分异。因此，在休闲经济盛行的今天，商业中心的功能多样性、特色，成为重要的发展动力，进而对顾客产生较为强烈的"凝聚吸引"效应。反之则会造成千店一面、形象趋同的现象，造成消费者的流失。

休闲经济时代可能产生的商业中心类型有如下几种：

①"一站式购足"的综合型

能供人们逛一整天，可买、可吃、可玩的多能、多业态聚集的"一站到底"的商业中心，正好可以满足人们日益丰富的多样化业余生活需求。处于城市中心区或具有长期城市副中心背景的商业空间，可以考虑采用此种模式。

②主题商业空间

在文化大发展的今天，城市的文化也成了吸引人的一大亮点。比如，"艺术行乞"成为德国科隆吸引游客的商业文化，而歌舞伎、酒馆则成为东京商圈的独特文化。他们都吸引了大批消费人群。我国也应注意引入文化、艺术表演、娱乐活动等非购物要素，不要拘泥于地方历史和传统文化，营造创新的、历史与现代结合的独特商圈。

③休闲娱乐型

对于高校、教育文化区、高新技术开发区附近的商业空间，主要面对的是思想活跃、追求新潮的白领人士、青年学生和科研人员。功能的定位应突出非购物功能，要参与重于商业。购物则要突出时尚和前卫，配套场所可以有大型影城、演唱厅、歌舞厅、溜冰厅等休闲场所。提供能满足消费者精神层面需求的娱乐活动、流行文化和更人性化的服务。

④引领时尚型

对于处于商务区商业空间而言，可将其营造成一个能够提供新潮消费资讯，展示高品质生活方式，感受时代脉搏，体现前卫风格的商业空间。这种商圈可以以多类型精品专卖店为主体，辅以大型超市、多功能服务项目、健身商店，价格以中高档为主，充分体现高品质的内涵。

⑤专业型

对于远离都市中心的远郊商业空间，只要交通便利，还可以定位为不同类型的专业商业网点。比如，建材商圈、家居商圈、电器商圈、布匹商圈、古玩商圈等等，对经营商品进行分门别类。产品应该全面，服务应该完善，体验应该丰富，为买家提供一站式服务。

5.3.2 国内外城市零售业态发展与规划管理借鉴

1）国外零售业的新经济

"新经济"一词最早来源于1996年底美国《商业周刊》发表的一组文章中。2000年4月美国总统克林顿在白宫新经济会议上，公开使用了新经济这个概念。新经济概念自从在美国被提出后，就迅速漂洋过海渗透到世界各国，引起了世界各国经济学家、营销专家和企业家等的广泛关注和热烈讨论。美国《商业周刊》对新经济含义的界定时说："新经济是以信息革命和全球化大市场为基础的经济"……"我们这里谈的新经济它的意思是指这几年出现的两种趋势，一种趋势是经济的全球化；另一种趋势是信息技术革命"。1997年末，美国进步政策研究所在一份报告中也讲："美国经济正在经历着一场根本性的转变！这一转变的基础深深扎根于革命性的技术进步，这其中包括高性能的个人电脑、高速通信和互联网。这些因素组成了一个新的市场环境并且发展出了一些新的名称，如信息经济、网络经济、数字经济、知识经济和风险社会等，把这些东西捆扎在一块，常常被称为新经济"。新经济的特征就是创新经济、知识经济、数字经济和网络经济。

按照上面对新经济分析的初步诠释，零售业的新经济必须具备：

①零售观念的创新。观念的创新是一个零售企业是否成为新经济企业的标志。工业化初期，企业的生产技术和手段还比较落后。这个时期，消费者对自己本身生活质量的要求只是把"生存需要"放在第一位，所以，20世纪工业化时代，消费者的需要和欲望表现为对"有形商品"的需求，产品的品牌和品质就成了企业间相互竞争的法宝和利器。随着时代的发展，人们开始发现吸引顾客上门来购物的因素是对顾客的尊重！世界零售企业做得最为成功和辉煌的是世界零售帝国"沃尔玛"（Wal-Mart）。它的成功在于它的创始人萨姆·沃尔顿找到了"附加在商品上的或者商品以外的东西"——"顾客是我们的老板"，就是人最本质的需要——被尊重的感觉！这种创新的观念铸就了"沃尔玛"今天巨大的成就。

②零售盈利模式或称零售商业模式的创新。进入信息和网络时代后，国外的零售商业模式（包括连锁经营商业模式、直销商业模式）适应于信息化、网络化和人性化社会的变革和创新，开始大规模出现网上购物等交互式营销方式。

③使用现代化的数字技术和互联网络技术。如ERP技术、POS（Point Of Sale——销售时点系统）技术、EDI（Electronic Data Interchange——电子数据交易供方管理库存系统）技术和EOS（Electronic Ordering System——电子订货系统）技术等。

④经济效益的高速增长。国外零售企业实现经济效益高增长的条件是：一是零售店铺实现低成本快速扩张到全国和世界的每一个城市，甚至每一条街道和每一个住宅小区，二是争取更多的顾客走进零售店铺购物消费，高度

关注消费"回头客"和"顾客忠诚度"。21世纪零售店铺竞争的制高点将不是店铺的规模和华丽等，而是有多少顾客以你的店铺为"终身"消费场所。有调查资料证明：多次光顾的顾客比初次登门的顾客多为企业带来20%～85%的利润。忠诚顾客数每增加5%，企业利润即可增加25%，一个满意的顾客会引发8笔潜在生意，一个不满意的顾客会影响25人的购买生意。可见"回头客"和"顾客忠诚度"对企业利润的重要性。传统的吸引顾客来自己店铺"终身"消费的零售观念诸如打折让利、有奖销售、买一赠一、送货上门、积分返奖等技巧和手段，在未来将被更好的信誉和服务所代替。三是要有科学、公平和人性化的利益分配体制。四是要有信息化的数字传输和交换技术以及国际互联网技术；五是要有科学的教育和培训制度；六是要有现代化的商品物流配送系统。

以上4个条件同时具备的零售企业就是零售新经济企业。❶

2）国外城市与大型商业中心发展新模式

（1）"新都市主义（New Urbanism）"的意义和城市发展规划

新都市主义是在全面反思现代主义基础上，提出的一种城市规划与设计思想。新都市主义具有如下共同主张。

①街区功能复合化。在城市功能划分与布局上，新都市主义主张同一街区应集合多种功能的建筑，如商业、办公、公建、居住和休闲娱乐应混合布置，不应将不同功能建筑分别布于不同的街区，以避免造成街区功能的单一化和简单化。

②面向公共交通进行布局。新都市主义的"面向公共交通土地开发"理论主张，城市规划应布置紧凑，以公共交通作为城市运行的支持系统，商场、住宅、公园、办公楼和公共建设设施，应分布在可步行到达公交站点的范围之内。

③重视城市步行系统与现代主义强调私人汽车交通工具不同，新都市主义重视步行系统在城市格局中的作用，主张人们以步行方式到达目的地；并且目的地的分布半径，其步行时间最好在10分钟以内。

④设计城市公共空间。在进行城市规划和设计时，新都市主义十分重视城市公共空间的作用，强调要安排足够的城市公共空间（如城市广场、绿地、公园等），供人们休闲、娱乐和交流。

⑤强调城市片区的有机联系和街区的合适尺度，新都市主义反对现代主

---

❶ 方钧炜，张一泽，零售业新经济，〔2003-5-19〕中国营销传播网.

义以快速干道和高速公路分割城市的做法，主张加强城市各片区之间的联系，同时强调街区规划尺度适宜，与人的活动协调一致，不能忽视人的存在和尊严。

⑥建设高密度社区，提升城市内在品质。城市品质主要取决于规划是否合理、设施是否先进、管理是否有序，而不是取决于密度的大小。高密度社区建设，不仅提高了土地的利用价值，节约了土地资源，同时有助于增进人们之间的邻里交往。

⑦多元兼容的城市发展理论。新都市主义并没有完全否定现代主义。对现代主义的合理性主张，如城市效率观念，新都市主义都完全继承；同时对古典主义的规划秩序、中轴对称、因形就势等城市建设理念，也一并兼收并蓄。

⑧重视古建筑保护。新都市主义认为，古建筑是城市文明不可缺失的一部分，它们构成城市的文脉和记忆，是人类文明进化的缩影。因此对古建筑应该加以保护和维护，不能推倒重来。

新都市主义的城市建设理念所有主张的背后都蕴含着一个极其重要的思想，即人文关怀。无论是混合街区功能的考虑还是对交通系统的组织，抑或其他城市建设主张，都应强调要满足人的需求，尊重人性发展。主要反映在以下几个方面：

①增强邻里交往。促进邻里交往，是新都市主义最重要的明确主张。按照新都市主义的建设理念，城市不仅仅是"载人"的机器，而是一个适宜人类生存和发展的理想居所，一个可以让人的身心得到舒展和解放的空间。为实现这一目标，在城市规划上，应强调合适的街区尺度、公共交通系统、步行系统，以及设计足够的城市公共空间。

②满足人性的多样化需求。按照马斯洛的需要层次理论，每个人都具有多种层次的复合需求。这些需求从满足的次序递进关系上，可以分为生理需要、安全需要、归属感和情感需要、尊重感及自我实现感等五个方面。人的需求满足得越多，人的个性发展便越充分。现代主义主张的明确街区功能布局，不利于满足人的多样化需求。新都市主义强调土地功能混合开发，打破界限分明的功能区域划分，将住宅、商业、办公、公建、公园等设施紧凑布局，因而可以最大限度地满足人性的多样化需求。

③可持续发展思想。现代主义导致的土地浪费、大量耗用资源和能源、污染环境等，使城市的再生能力和可持续发展受到严重挑战。人类社会的存在和发展，是一个绵延不断的过程，不能中断和割裂，因此可持续发展是人类自身的一种内在需求。新都市主义强调提高土地开发密度、节约土地资

源、减少私人交通工具、节约能源、增加步行系统、降低环境污染等主张，都有利于增强城市的活力，提高城市质量，改善城市生态环境，从而促进城市和人类社会的可持续发展。

④尊重历史。新都市主义主张保护历史建筑，这可以使城市保持一种文明的血脉联系，从而唤醒人的记忆，寄托人的情感，体现了一种深切的人文关怀。

⑤与自然和谐共存。现代科学告诉我们，人类诞生于自然，依存于自然，因而人类不可超越于自然，更不可与自然对立，恣意破坏和虐待自然。其实，工业化时代人类征服自然的许多恶果现在已经开始显现。在自然危机面前，新都市主义者重新反思人类与自然的关系，主张城市建设应充分研究自然环境，城市规划因形就势，建筑设计适应气候要求，从而使城市与自然形成和谐共存的局面。

（2）"新都市主义（New Urbanism）"与"生活中心（Lifestyle Center）"的发展

"新都市主义"的增强邻里交往、满足人性的多样化需求、可持续发展、尊重历史、自然和谐共存的城市规划思想催生了商业空间发展新模式。lifestyle center的开发商借用"新城市主义"的概念创造了一个宜人的步行环境，以唤起人们对以前到城市主街（Main Street）购物的美好回忆，还混合了具有社团导向性的事物以更好将生活中心定位为一个汇聚人流的场所❶。lifestyle center的概念是1986年被第一次提出来，1990年以前只有6家在实际运作，到2000年已经发展到30家，并且还有更多的生活中心在规划之中。在美国，SHOPPING MALL 目前最主要的新生竞争者就是被称为"生活中心"（lifestyle center）的新零售业态形式。国际购物中心理事会（the International Council of Shopping Centers or ICSC）对它的定义是这样描述的：其营业范围内同时满足了零售方式的需求和顾客对生活方式的追求。就目前的存在形式而言，Lifestyle center的选址通常与大片居住区为邻并且定位为高消费阶层。占地面积在15万（1.4万m²）到50万平方英尺（4.6万m²）的出租零售区，就目前的存在形式，lifestyle center呈户外结构模式并且包括了至少5万平方英尺高档全国连锁的专业店。其中大部分普通商户为服饰店，家居用品店，书店和音像店。除去高档连锁店以外，还可有本地独立专业店和一个或更多的"big box"零售商（大型仓储超市）混合其中❷。目前生活中心普遍设计成

❶ Beth Mattson, Where town square meets the mall, The Business Journal, 1999. 8.
❷ Michael P. Kercheval, Lifestyle Centers, Retail Navigator, www. icsc. org.

街道购物中心（strip center）的模式，从某个方面来说，Lifestyle Centers购物中心的产生，主要是消费者比20世纪70或80年代的人更有强烈的怀旧感，他们喜欢回到拥有旧式商业气氛的露天零售中心（open-air retail centers），现在的流行趋势是回到那种看起来更像村落的露天式零售中心，里面有汽车在真实的街道上行驶，还有实实在在的人行道供消费者来回逛着购物（Steve Kerch，2003）。❶

生活中心（lifestyle center）是一种适应社区发展的零售业态形式，其室外街道购物的方式与商业步行街的购物模式相类似，但生活中心选址与居住区联系更紧密，消费者更加容易到达，而商业步行街则多位于城市中心商业区，而它的开发规模、方式和经营内容则与区域购物中心类似，但区域购物中心的位置比生活中心更远离城市中心和居住区，同时，生活中心的文化内涵和交流场所的感觉比区域购物中心更强。

（3）医院与零售的联姻方式

医院与零售的联姻是近年来国外大型综合购物场所发展的新动向❷。购物中心经营模式经过从郊区到城市中心区的发展后，不断进入新的场所，如机场、火车站、写字楼。美国和加拿大的几个大型医疗中心开始转向零售商，以增加他们的收入，更好地服务顾客。按照这种做法，医院的模式更像是一个购物中心。他们向零售商收取一个基本租费，销售额超过一定额度后，再加收一定百分比的租金。如多伦多的大学医疗网络（University Health Network）在多伦多有三家医院，正在开辟出总计5万多平方英尺的购物面积。大学医疗网络邀请前来开店的零售商包括礼品店、咖啡店和音像店，这样的话熬夜的病人就可以租录影带看。他们还欢迎保健商品零售商。尽管大多数医院有自己的小药店，但引进一个全国连锁店还更有好处，它可以提供一个非药品部门，售卖非处方药品和一些便利商品。美国辛辛那提大学的一家附属医疗机构（UC Physicians）、俄亥俄的戴顿集团（Dayton）以及开发商（Miller-Valentine Group）正在俄亥俄州的西切斯特开发一个叫"大学芭蕾"（University Pointe）的项目，该项目投资1亿美元，总面积达50万平方英尺，其中包括一家医院（由UC Physicians经营），7.5万平方英尺的零售面积和餐厅，餐厅供应的是健康食品，与保健有关的租户还将包括一个SPA浴室。第一批零售门面已经在2003年初开张营业。迄今为止，一些医院与零售的联姻都获得了双赢的结局。尽管如此，只有在一些有庞大职工总数和足够

城市商业空间新结构模式

---

❶ Steve Kerch，新的零售模式崛起——摩尔受到威胁.（2003-05-15）中国营销传播网.
❷ 联商网，购物中心发展新前沿，〔2003-06-11〕中国营销传播网.

的邻近居民并足以支撑起零售的地方，这样的开发项目才能成功。

（4）国外零售业的规划与建设

商业资源是社会公共资源，大部分发达国家对商业网点建设都有法律规定。其中有的是专门立法，如日本、法国等，有的是在综合性法律中作专门规定，如美国、英国等。这方面的法律多数是由中央或联邦政府颁布的，有的是中央或联邦政府授权地方立法。发达国家在商业网点建设方面的立法有较长历史，在实践中随着城市社会经济发展和商业业态的创新而不断进行修订。在管理权限上，有的集中在中央或联邦政府，有的主要由地方政府负责。无论哪种方式对商业网点建设均进行严格管理。日本、法国和美国在商业网点建设管理方面最具代表性。日本是以项目审批为主要管理手段，美国以规划约束为主，法国则采取规划和审批并用。

日本1973年出台了《关于调整大规模零售企业活动的法律》（简称"大店法"），1999年"大店法"废止，同时又出台了《大规模店铺选址法》（简称"大店选址法"），1971年还专门颁布了《批发市场法》，1991年又作了修订。日本地方政府对大商店建设实行审批制。日本政府审核开店的标准：一是考虑商业布局的合理性，有利于国民经济及地区经济的健康发展与国民生活水平的提高。二是按照《城市中心商业街区活性法》的要求，开设大店必须关注生活环境和城市功能，把交通影响、环境污染（噪音、大气等）、垃圾处理等列为项目审查内容。三是能否促进中小零售业健康发展，明确提出新设大型零售店既要促进零售业的现代化，也要支持中小零售商业发展，实现政府扩大就业的目标。

法国早在1810年就颁布了《商法典》，180多年来多次进行了修订，其中最著名的修正案是1973年的《鲁瓦耶法》和1996年的《拉法兰法》。这些法律要求各省必须制订商业网络设施图（即规划），商业网点建设必须符合商业规划；并对商业网点建设规定了详细的审批程序。审批的标准：一是商店稠密度。考虑项目所在区域的人口数量、商店数量、住宅及办公楼情况，这是最重要的决策依据。二是就业情况。项目的实施能创造多少就业岗位，对现有商店造成冲击会使多少就业岗位消失。三是竞争状况。项目实施后是否会在本区域内造成垄断，市场份额若超过50%则不允许。四是消费者得到的享受。项目是否是新的业态或销售模式，其建筑风格是否协调，走廊是否宽敞，服务设施（停车场、餐厅、咖啡厅）是否完备。能够带动提高服务标准及质量的商店较易得到批准。五是商业设施建设是否会引起消费者住所、交通路线的改变，若导致交通堵塞则不允许。六是建筑设计是否吸引人，在自然保护区的商店应当与自然保护区相协调。政府鼓励并扶持在有商业需求但人口稀少或偏远的地区开设商店。2000年出台《城市团结与更新法》，对新设商店的公共交通、接卸货场地作了规定。2003年出台《城市规划和住房法》对保护环境、避免扰民也作了专门规定。

美国没有专门的商业网点建设法律，但美国宪法（修订案）第14条和第15条赋予了州政府在区域规划和土地利用计划中规划使用土地的权利，其中包括商业规划。美国商业网点建设管理权限在地方，各城市一般都设有一个由职业民众组成的规划委员会和一位规划专家担任的规划总监，负责商业网点规划工作。主要任务是：提出城市商业网点规划方案，供市长或议会决策，受理并审查商业建设项目。

美国商业规划具有很强的法律效用，是控制和引导城市商业发展的有效工具。地方政府按照规划确定辖区内允许建店的区域，商业网点只允许在符合规定用途的区域内设置，不符合规定的区域建店绝对不允许，除非变更规划。各城市的商业规划一经批准，不得随意变动；如需变更，应启动区域规划变更程序。商业规划的原则是使商业设施对环境带来有益影响，反对杂乱无章，提倡土地及相关资源的综合利用，增强流通及服务的效能，推进新型化城市的发展。具体内容共七项：减少交通堵塞，防止火灾和应对突发事件措施，改善居民的生活和保证大众健康，建筑物之间要保持一定的距离，防止对土地过度使用，保证有充足的光线和空气，商业设施的空间应与经营面积相适应以避免人口过度拥挤，促进当地的基础设施建设等。其中交通对商业网点分布起决定性作用，建设大型零售设施，还要考虑对现有商业的影响，有的州还对具体的商业设施规划作了详细规定，比如停车场的规模、招牌标记的大小格式、建筑物的外观，甚至周围绿地等。美国商业规划的目的从保护财产所有者发展成为改善城市的现状。发展趋势是：反杂乱无章、聪明成长和新都市化，这三点趋势的核心都是为了限制城市向外围扩张及限制创建更多依靠步行和更少依赖机动车的条件，力图改变美国市民所习惯和享受的生活方式。

英国零售业的规划目标是鼓励有效率的零售行业，以城镇中心作为投资重点，在规划程序中，规划部门既要考虑活力，研究可行性和交通承受能力问题。另一个目标是希望保证不同种类的商店和消费设施供消费者选择。

从上述市场经济发达国家对商业网点建设的宏观管理来看，尽管具体管理方式上各有不同，但有以下共同点：①"以法治市"。重视法律法规的制订，而且法律法规定得具体、详细，具有很强的可操作性，大大减少了人为的主观随意性。②"政出一门"。用法律条文来明确各个商业网点管理部门的职责和分工。避免相互之间的不协调。③"宏观管住"。为了协调商业网点多分散和生产流通社会化之间的矛盾，对商业网点的布局、设置和开业的审查非常严格，而且在业态、营业面积等方面还随着社会经济发展进行适当的限制和指导，从而尽可能减少资源的浪费和保持社会的稳定。

从项目管理的角度来看，各个国家的管理手段不尽相同，如日本是以项目审批为主，美国是以规划约束为主，法国则是规划和审批并用。在具体审批过程中的标准、依据不尽一致，关注点也不完全相同，但总结起来大致包括以下几个方面：①网点布局的合理性。主要考虑项目所在区域的人口数量、商店数量、住宅及办公楼情况；②提供就业情况。对现有商店造成冲击会使多少就业岗位消失，要考察项目实施能创造多少就业岗位。③竞争状况。要论证项目实施后是否在本区域造成垄断，能否促进中小企业的发展；④消费者得到的享受。要看项目是否是新的业态或销售模式，其建筑风格是否协调，服务设施是否完备，是否有利于改善居民的生活和保证大众健康等；⑤对周边环境的影响。要分析商业设施建设是否会引起消费者住所、交通的改变，防止火灾和应对突发事件的措施；⑥商业设施本身的要求。如建筑物之间是否保持一定距离，能否保证有充足的光线，设施的空间和经营面积是否相适应等。

第6章　结论与讨论

　　本章主要归纳前几章调查、分析、研究的结果，主要从宏观、中观及微观三个角度提出对本研究的主要结论和建议。

6.1　宏观层面的结论与建议

6.1.1　关于城市发展的前期研究

　　2000年我国加入WTO前后，国外大型零售企业利用其资金、经验和理论优势对我国的法律法规、城市管理、城市经济、空间区位和消费特点等方面进行了长期的调查研究，2004年年底，随着中国商业零售业彻底对外开放，国际商家就以准确的商店选址、业态规模、商品定位、品牌、资金和管理经验优势迅速抢占了我国的市场和城市空间，首先在城市中心区获得发展，又逐步将这种扩展向城市边缘区域延伸。从全国看，在北京、上海、广州、深圳等东南部经济发达城市取得成功后，又呈现向中西部城市扩散的趋势，目前已经在向省会城市以外的地区城市扩散。此外，在改革开放的政策鼓励下和区域优势的影响下，国内一些经济发达地区的大型零售企业也在逐步向欠发达地区扩散，但是，由于这些地区的城市规划和管理能力同样处于比较落后的情况，这两种扩散对经济欠发达地区的城市和经济发展起到推动作用的同时，也对这些城市的空间结构演变起到一些消极的作用。所以，应该全面的分析和研究这些已经产生的问题，找出解决的方法，科学的预测发展趋势，据此制定出规划和管理措施，才能将商业空间的发展对城市空间结构的不利影响降到最低。

6.1.2　大型商业中心对城市群发展的作用

　　在国外，高度发达的经济和现代化的交通工具使得大型商业中心尤其是超区域性大型综合购物中心的发展使商业空间集约性和规模效应得到了充分的发挥。在我国，小汽车的普及促进了休闲型消费的规模、类型和形式的不断发展，但是我国目前很多区域性的大型商业中心的开发和经营还不令人满意。因此，随着社会经济和旅游业的发展，大型商业中心与旅游相结合是发展地方经济、保护生态环境、引导城市向多核心方向发展的较好选择。区域性的大型商业中心的建设和城市中现有的商业中心一起，不仅能够带动城市群商业空间的共同发展，还可以控制中心城区发展规模，促进城市群向多中心城市布局方向发展，但在开发建设中要避免与现有的商业中心空间出现业态规模和形式方面的重叠与雷同。

6.2 中观层面的结论与建议

6.2.1 大型商业中心对城市空间结构影响的几个主要方面

1）商业空间与城市居住区协调发展

城市居住与商业空间的发展演变有一定的相关性。①居住与商业空间发展过程互动机制。人口密度、消费购买力是决定商业区位优劣的重要因素之一，商业企业为了追求利润，往往将商业布置在人口分布集中区域，商业选址追随着人口重心。商业空间结构又反作用于居住空间结构。完善的商业空间结构、良好的商业氛围，能够吸引各大开发商聚焦投资，刺激周边房地产的开发，使得该地区居住人口密度加大，促使居住空间结构的进一步壮大。②居住与商业空间演变结构互动机制。从杜能的土地价值理论和加纳模式来看，不同活动的区位将取决于对特定位置的竞争性投标，不同类型不同规模的商业机构及设施，按其支付最大租金的能力，从城市中心到城市边缘，排列组合成有规律的分布模式。城市中心区由于其最高的接近性和便利性决定了中心区地租的昂贵性，商业具备支付最大地租的能力，所以在城市中心区商业占主导地位。在城市边缘区居住与商业空间在不同的空间位置呈现出不同的规模和结构特点。城市边缘区由于其低接近性和低土地价值特点，居住区的规模和数量相对于城市中心区比重更大，城市边缘区居住占主导地位，商业只是居住的配建设施。③居住与商业空间结构演变关联互动机制。城市道路结构通过交通网络将居住与商业联系在一起，成为居住与商业空间结构产生关联影响的主要途径。交通沿线具有优越的通达性吸引了居住空间在其沿线分布，商业空间分布追随人口中心分布，所以商业空间也呈现出沿主要交通干道呈圈层分布的趋势。通达性良好的交通地带，吸引商业空间在此分布，良好的商业氛围促使居住空间在此集聚，交通成为商业影响居住空间布局的纽带。

2）关于城市中心区更新改造过程中合理控制大型综合购物中心的发展

在我国城市更新的过程中，大型零售企业成为这种更新的主要角色。城市中心区商业空间中大型零售业态的集聚度越高则所在区域城市空间结构的变化就越大。目前，由于我国城市和城市化正处于快速发展时期，加上城市管理体制的特殊性，城市更新往往是从原有的城市核心区域开始的，这样可以在短期内对投资企业产生最大的吸引力，城市更新的速度快、强度大。因此，改造完成后，政府、企业可以在最短的时间里分别获得所需要的城市形象和经济效益，但大型综合购物中心的业态规模特点使它的开发和建设不可避免地对城市空间肌理产生不利的影响。我国是一个土地资源和能源十分缺乏的国家，不能完全照搬美国式的商业空间发展经验，应该借鉴欧洲国家对大型综合购物中心的管理和控制政策，鼓励在城市中心区开发建设合理规模和形式的大型综合购物中心，并对业态形式、规划和建筑设计方案进行严格的审查和管理。这可以使城市中心区的各种基础设施发挥更大的作用，还可以节约郊区的土地和来往于城区和郊区之间的交通所消耗的能源。

3）与城市交通系统协调发展

交通要道是大型商业中心主要的空间区位选择要素。因此，大型商业中心的不合理布局将直接影响城市主要道路交通结构的功能和便捷性。当商业中心集聚到一定程度，而城市中主要商业空间节点与主要道路交点不重合时，将以集聚点为核心重新形成新的道路结构，改变原来的城市道路结构，这种没有很好地利用原有主要道路结构的商业空间发展形式，可使本来已经不合理的城市道路交通情况变得更加严重，既影响了城市道路结构的发展，也影响了商业空间的可达性。当商业空间节点形成的网络与城市主要道路交通网络存在错位时，也将影响各级商业中心网络系统的发展，影响城市道路的运行效率。这种交通流量过度增长和拥挤将给顾客出行和消费造成不便，使商业区的销售能力受到约束，影响商业空间的发展。城市未来的商业网点规划应该注意这方面的问题，即对城市中心区的商业网点网络进行完善和补充，新发展的商业网点应与原有道路和商业空间网络有便捷的联系，这样才能发挥城市商业和道路网络的最大效率。

4）商业的离心化与郊区化

由于城市化进程的加快，中小型城市的社会经济发展与城市空间结构和形态正处于大规模的扩张阶段，商业企业从城市中心区向外迁移和扩散的迹象较为明显。这种离心化现象还伴随着资本和市场的迁移，进一步加大了原有商业中心区的发展压力。

6.2.2　城市商业空间结构的发展与优化

1）城市商业空间新结构的特征

首先，商业空间区位的层级结构级差逐渐减弱，各级商业中心的业态类型趋向多样化，业态规模正随着空间区位选择的扩散从集聚向扩散的状态发展。虽然五一广场商圈的市级中心地位仍然存在，但其中心地位在逐渐减弱，外围的区域级商业中心已开始大规模发展，速度和规模均超过了市级商业中心。商业空间结构已经从早期的市、区和社区的层级结构模式向本研究概念辨析中提出的网络状结构模式方向发展，其中，区级商业中心是这种网络状结构主要节点。其次，新增商业业态类型形成的网络状结构节点最为明显，市中心的业态类型几乎没有改变，而区域级商业中心大部分都增加了业态类型；第三，业态规模及商业网点数量也出现由市级商业中心分散到各区域级商业中心平衡发展的过程，这显示了按照目前的发展趋势，网络状的结构模式会继续延伸。但其他商圈要形成像市级商业中心的聚集程度还是有一定难度，传统的市级商业中心难以在短时间内被其他网络节点彻底取代。

这种由层级向网络状演变的状态一方面显示了商业空间新结构模式的形成，另一方面也显示了市级商业中心的发展需要新的动力因素和解决目前存在的问题才能支撑其适应未来发展的需要。同时，许多商业空间网络节点虽然增长迅速，但相互之间业态类型同质化现象明显，这种单一业态形式规模迅速增长所导致的扩散将导致内部竞争压力增加，不利于形成商业空间结构演变的后续动力。

市级商业中心规模发展减缓，地位减弱；区级商业中心规模发展迅速，地位增强，城市商业空间由多中心均衡分布发展构成的结构模式称之为商业空间网络结构模式。各商业中心相互连接的形式不再是简单的线性连接，而是出现各节点分散分布，且每一节点都与多点进行连接的网状拓扑结构特征。

2）大型商业中心发展趋势与城市空间区位优化

从城市商业体系结构、商业空间网络和零售业新经济发展看，长沙城市中仍然存在零售区位优势好或值得改造的空间，改造和发展这些空间将有利于现有商业体系结构、商业空间网络和城市商业空间区位的优化，也有利于城市大型综合购物中心新空间区位的开发。在发展空间网络的同时，新的大型综合购物中心开发模式也值得很好地研究。长沙的主要医疗机构所在的区域存在着非常大的商业空间发展潜力，大量而日夜不断的流动人口是大型综合购物中心理想的消费支撑，但要对现有的大型综合超市等业态模式进行更新，才能满足这种特殊类型消费人群的需要。另外，以生活中心（lifestyle center）为核心概念的商业地产开发形式将成为一种适应社区发展的零售业态新模式，它与居住区联系更紧密，文化内涵和交流场所的感觉更强，它的可达性、商业业态形式多样性都将很好地满足社区居民多方面的需要，还可以缓解城市中心商业区的压力。

6.3 微观层面的结论与建议

6.3.1 城市主要空间节点的结构优化与改进

在发展新商业空间的同时，应该根据经济发展和各商业中心的实际情况，实行不同的发展策略，以完善和改进现有商业空间，使城市空间结构发展更加均衡和优化。对于大型商业中心趋于饱和的城市，应着重对现有核心商业空间进行改造和完善，并合理规划未来发展，针对即将倒闭和衰落的商业中心应结合政府调控、企业参与等手段解决其体制的问题，再对其业态形式进行整合，对建筑局部进行改造，使其重新焕发活力。对于由于业态结构和规模而影响商业中心发展的商业网点，应通过政府引导，促使商业中心区的事业单位外迁，丰富内部的业态形式，提高商业空间的等级结构，完善商业体系网络结构等方法，提升商业中心区的吸引力。

6.3.2 商业中心相关交通结构的改善

城市经济发展、休闲购物行为和私人小汽车快速发展，使得大型综合购物中心和商圈引起的道路交通与停车方面的问题越来越突出。在城市发展过程中，需要保证交通的通畅，而我国节点型的商业空间和大型综合购物中心沿路设置的布局，使商业空间和城市交通之间的矛盾更加严重，不断拓宽街道和城市交通节点立交桥的形式只是有利于汽车快速通过，而不利于大型综合购物中心车流疏散和人流进入商店，容易造成商业空间节点区域的交通拥堵。因此，为提高城市公共空间的易达性，需要改变街道和停车场对城市公共空间的分割情况，保持其连续性，加强城市不同空间的联系和交流，❶改进已有大型综合购物中心与城市空间之间的关系，降低大型综合购物中心与城市道路之间的相互影响。

---

❶ 王鹏. 城市公共空间的系统化建设. 南京：东南大学出版社，2001，243—244。

6.3.3 城市商业中心区停车空间规模与布局优化

我国越来越多的家庭已经拥有私家车，部分家庭甚至每人一台小汽车，城市中大型商业中心停车空间布局方以及车位缺乏的问题已经非常突出，伴随着城市综合经济实力的不断增强，私人汽车即将成为住房消费之后排在第一位的消费热点，汽车保有量将呈明显增长势态。停车设施建设应以发展大型商业中心配建停车场为主、路外公共停车场为辅、路面停车场为补充的格局，特别是合理布局商业街的停车系统，如修建立体停车系统、综合利用单位停车场和对新建项目公共地下停车进行规划控制等，根据消费人流的主要方向来布局停车系统，在合理规划机动车停车的同时，应充分考虑未来的发展和非机动车的停车空间以及公共交通停车空间，提高商业空间的可达性和安全性。

总之，城市新商业空间结构模式的形成和发展，为城市与商业发展的研究、规划和管理提出了新问题，需要我们进一步明晰其未来的发展趋势和内在影响机制，从而更好地促进城市与商业空间的健康发展。

171

城市商业空间新结构模式

参考文献

［1］荆林波等. 中国商业发展报告（2011-2012）［M］. 北京：社会科学文献出版社，2012. 5.

［2］谭怡恬，赵学彬，谭立力. 商业业态分化与城市商业空间结构的变迁——来自长沙的实证研究［J］. 北京工商大学学报（社会科学版）. 2011，（3）：53-59.

［3］胡俊. 中国城市：模式与演进［M］. 北京：中国建筑工业出版社，1995. 10.

［4］管驰明，崔功豪. 中国城市新商业空间及其形成机制初探［J］. 城市规划汇刊，2003. 6.

［5］仵宗卿，柴彦威. 商业活动与城市商业空间结构研究［J］. 地理学与国土研究，1999. 8.

［6］张京祥，吴缚龙，马润潮. 体制转型与中国城市重构——建立一种空间演化的制度分析框架［J］. 城市规划，2008. 6.

［7］杨瑛. 20年代以来西方国家商业空间学理论研究进展［J］. 热带地理，2000.（1）.

［8］朱红. 基于轨道交通模式下的长沙市商业空间重构研究［D］. 长沙：湖南大学建筑学院，2012.

［9］黄亚平. 城市空间理论与空间分析［M］. 南京：东南大学出版社，2002. 5.

［10］冯云廷. 城市聚集经济一般理论及其对中国城市化问题的应用分析［M］. 大连：东北财经大学出版社，2001. 1.

［11］戴维斯（R. J. Davies）. 零售营销地理学［M］. 北京：中国人民大学出版社，1976.

［12］克里斯泰勒著，常正义等译. 德国南部的中心地理论［M］. 北京：商务印书馆，1998.

［13］顾朝林等. 集聚与扩散［M］. 南京：东南大学出版社，2000. 1.

［14］顾朝林. 城市社会学［M］. 南京：东南大学出版社，2002. 8.

［15］顾朝林. 经济全球化与中国城市发展［M］. 北京：商务印书馆，1999. 11.

［16］薛娟娟，朱青. 城市商业空间结构研究评述［J］. 地域研究与开发，2005，05：21-24.

城市商业空间新结构模式

［17］张水清. 商业业态及其对城市商业空间结构的影响［J］. 人文地理，2002，05：36-40.

［18］赵建军. 青岛市商业中心空间结构研究［J］. 人文地理，2005，01：107-112.

［19］仵宗卿，戴学珍，戴兴华. 城市商业活动空间结构研究的回顾与展望［J］. 经济地理，2003，03：327-332.

［20］刘贝. 长沙市批发市场空间布局及优化研究［D］. 湖南大学，2012.

［21］叶强. 大型购物中心对城市空间结构的影响研究——以长沙为例［A］. 中国城市规划学会. 规划50年——2006中国城市规划年会论文集（中册）［C］. 中国城市规划学会：2006：12.

［22］杨吾扬. 北京市零售商业与服务业中心和网点的过去、现在和未来［J］. 地理学报. 1994（01）.

［23］叶强，谭怡恬，谭立力. 大型购物中心对城市商业空间结构的影响研究——以长沙市为例［J］. 经济地理，2011，31（3）：426-431.

［24］张昊锋. 郑州市商业中心空间布局及优化研究［D］. 河南大学，2010.

［25］周春山，罗彦，尚嫣然. 中国商业地理学的研究进展［J］. 地理学报，2004，06：1028-1036.

［26］严慧慧. 大城市簇群式发展背景下的商业空间结构优化研究［D］. 华中科技大学，2010.

［27］叶强，鲍家声. 论城市空间结构及形态的发展模式优化——长沙城市空间演变剖析［J］. 经济地理，2004，04：480-484.

［28］辛飞. 长沙城市轨道交通对商业空间结构的影响研究［D］. 湖南大学，2012.

［29］孙贵珍，陈忠暖. 1920年代以来国内外商业空间研究的回顾、比较和展望［J］. 人文地理，2008，05：78-83.

［30］Yang Wu-yang. The context of Beijing's commercial network —an empirical study on the central place model［J］. GeoJournal. 1990（1-2）.

［31］Potter R B. Correlates of the Functional Structure of Urban Retail Areas：An Approach Employing Multivariate Ordination［J］. The Professional Geographer. 1981.

［32］Christaller W. Central Places in Southern Germany［M］. 1966.

［33］Johan G. Borchert. Spatial dynamics of retail structure and the venerable retail hierarchy［J］. GeoJournal. 1998（4）.

［34］Kevin Lynch. Site Planning［M］. 1962.

［35］Boddington，Nadine. Shopping Centers，Retail Development，Design and Management［M］. 1991.

［36］Kevin Lynch. The linage of the City ［M］. 1960.

［37］Michelle S. lowe. Britain's Regional Shopping Centers：New Urban Forms ［J］. Urban Studies. 2000.

［38］James Jixian Wang，Jiang Xu. An unplanned commercial district in a fast-growing city：a case study of Shenzhen，China ［J］. Journal of Retailing. 2002.

［39］Jill Mazullo. Not business as usual ［J］. Planning. 2001.

［40］David T Herbert，Colin J. Thomas. Urban Geography ［M］. 1986.

［41］Dawson，John A. Retail Geography ［M］. 1980.

［42］Clifford M Guy. Controlling New Retail Spaces：The impress of planning policies in Western Europe. Urban Studies ［M］. 1998.

［43］J. Vernon Henderson. Urbanization，Economic Geography，and growth ［M］. 2001

［44］张世平，彭积龙，周颖江. 形成合理的收入差距，加快和谐湖南建设 ［R］. 湖南省统计局，2009.

［45］叶强. 集聚与扩散：大型综合购物中心与城市空间结构演变 ［M］. 长沙：湖南大学出版社，2007.

［46］李健明，以市场为导向 加快长沙工业化进程研究 ［R/OL］.（2004-10-14）［2005-08-07］http//：www. changsha. gov. cn.

［47］庄林德，中国城市发展与建设史 ［M］. 南京：东南大学出版社，2002. 8.

［48］艾尚辉，一项调查显示长沙人渐成超市购物狂 ［R/OL］.（2003-7-21）［2005-08-07］http//：www. rednet. com. cn.

［49］倪鹏飞. 2002年的中国城市竞争力报告 ［M］. 北京：社会科学文献出版社，2003.

［50］吴明伟等. 城市中心区规划 ［M］. 南京：东南大学出版社，1999.

［51］管驰明. 中国城市新商业空间研究 ［D］. 南京：南京大学城市与资源学系，2004.

［52］郑杭生等. 当代中国城市社会结构现状与趋势 ［M］. 北京：中国人民大学出版社，2004.

［53］吴垠等. 关于中国居民分群范式的研究.（2004-05-01）［2005-08-07］http//：www. ewarkefiug. nef. cn.

［54］王波. 我国大中城市商业网点规划影响因素研究 ［D］. 兰州：兰州大学人文地理学，2007.

［55］鲁婵. 转型期长沙市人口与商业空间结构相关性研究 ［D］. 长沙：湖南大学建筑学院，2013.

［56］周慧. 体验式购物中心与城市空间结构的互动研究 ［D］. 长沙：湖南大学建筑学院，2011.

［57］谈明洪，李秀彬，吕昌河. 我国城市用地扩张的驱动力分析［J］. 经济地理，2002，35（5）：635-639.

［58］叶强，曹诗怡，聂承锋. 基于GIS的城市居住与商业空间结构演变相关性研究——以长沙为例［J］. 经济地理，2012，32（5）：65-70.

［59］曹诗怡. 城市居住与商业空间结构演变相关性研究［D］. 长沙：湖南大学建筑学院，2012.

［60］杨恒，叶强. 商业与居住空间互动发展研究初探——以长沙市为例分析［J］. 中外建筑，2009，（1）：85-87.

［61］王宝铭. 对城市人口分布与商业网点布局相关性的探讨［J］. 人文地理，1995，10（1）：36-38.

［62］张鸿雁. 侵入与接替——社会城市结构变迁新论［M］. 南京：东南大学出版社，2002.

［63］靳凤娟，周慧，叶强. 休闲经济时代商业中心区交通规划理念的变革——以长沙市为例［J］. 中外建筑，2010，（6）：83-84.

［64］靳凤娟. 休闲经济时代长沙城市商业空间重构［D］. 长沙：湖南大学建筑学院，2010.

［65］Cook I G，Murray G. China`s Third Revolution：Tensions in the Transition to Post-Communism［M］. London：Curzon Press，2001.

［66］顾朝林，庞海峰. 基于重力模型的中国城市体系空间联系与层域划分［J］. 地理研究，2008，27（1）：1-12.

［67］陈苏柳，鲁明. 城市空间网络拓扑形态研究［J］. 建筑学报，2011，S2：138-141.

［68］叶强，谭怡恬，赵学彬，罗立武，陈娜，向辉. 基于GIS的城市商业网点规划实施效果评估［J］. 地理研究. 2013，32（2）：317-325.

［69］叶强，谭怡恬，鞠拓文，罗立武，谭立力. 商业网点规划与现状比较研究——以长沙为例［J］. 城市规划，2012，36（6）：23-27+38.

［70］方钧炜，张一泽. 零售业新经济［R/OL］. （2003-5-19）中国营销传播网.

［71］Beth Mattson. Where town square meets the mall，The Business Journal，1999.

［72］Michael P. Kercheval，Lifestyle Centers，Retail Navigator. http//：www. icsc. org

［73］Steve Kerch，新的零售模式崛起-摩尔受到威胁. （2003-05-15）中国营销传播网.

［74］联商网，购物中心发展新前沿，（2003-06-11）中国营销传播网.

［75］赵学彬. 基于空间均衡格局下的长沙市城市空间发展战略研究［J］. 城市发展研究，2010（011）：34-40.

［76］廖敏清，基于空间句法的长沙城市商业中心空间布局研究［D］. 湖南大学，2013.

［77］莫茜茜，叶强. 轨道交通节点与商业建筑的空间连接模式［J］. 沈阳建筑大学学报：社会科学版，2009，11（4）：412-415.

［78］杨恒. 长沙市居住空间对商业空间结构的影响研究［D］. 湖南大学，2009.

［79］易江. 长沙大型综合购物中心与城市空间结构互动研究［D］. 湖南大学，2008.

［80］王鹏. 城市公共空间的系统化建设. 南京：东南大学出版社，2001，243-244.

城市商业空间新结构模式